Naturkräfte.

Fünfzehnter Band.

Das

Spektrum

und die

Spektralanalyse.

Von

Dr. P. Zech,

Professor der Physik am Polytechnikum in Stuttgart.

München.

Druck und Verlag von R. Oldenbourg.

1875.

Inhalt.

I. Einleitung.

1. Lichtschwingungen.

Daß die Empfindung des Lichts auf Schwingungen beruhe, ist heutzutage so sehr in das Bewußtsein der Gebildeten eingedrungen, daß wir bei Philosophen, bei Aesthetikern, bei allen Schriftstellern, die mit dem Lichte zu thun haben, immer wieder dem Ausdruck Lichtschwingungen oder Aetherschwingungen begegnen. Unter den Physikern wird es wohl keinen mehr geben, der nicht der Ueberzeugung wäre, daß die Hypothese, die Lichtempfindung beruhe auf Schwingungen bestimmter kleiner Theile, die sich überall, die sich insbesondere innerhalb jedes Körpers zwischen seinen Atomen befinden, nach dem heutigen Stande unserer Kenntnisse allein im Stande sei, alle Erscheinungen, die in das Gebiet des Lichtes gehören, klar und einfach zu erklären.

Die Thatsache der geradlinigen Fortpflanzung des Lichts, welche besonders bei der Schattenbildung jedem Beobachter sich aufdrängen muß, führte zu der Emissionstheorie, zu der Theorie, daß der leuchtende Körper kleine Theilchen aussende, welche geradlinig fortgeschleudert schließlich das Auge treffen und auf der Netzhaut die Empfindung des Lichts hervorbringen. Gab man diesen Theilchen vollkommene Elasticität, so konnte man, wie das schon

Newton gethan hat, die Gesetze der Zurückwerfung und Brechung des Lichtes nachweisen. Das genügte aber, um alle die Lichtbewegungen, welche bei unsern optischen Instrumenten vorkommen, bei Brenngläsern, Fernröhren und Mikroskopen, zu erklären, somit eigentlich Alles, was noch am Anfang dieses Jahrhunderts die Lehre vom Licht in der Physik umfaßte.

Seitdem hat sich aber die Optik um beträchtliche Kapitel vermehrt, es sind Thatsachen aufgenommen worden, die schon ziemlich lange bekannt, aber noch nicht voll ergründet waren; man kann im Allgemeinen sagen, eine Reihe von Thatsachen, die auf Interferenz und auf der Bewegung des Lichtes in Krystallen beruhen.*) Alle Versuche, diese Thatsachen durch die Emissionstheorie zu erklären, mußten scheitern, weil dabei die Eigenthümlichkeit immer wieder sich geltend machte, daß unter Umständen Licht zu Licht hinzugethan Dunkelheit hervorbringt. Wäre das Licht ein Stoff, so konnte dies nicht statthaben, denn Stoff zu Stoff gethan gibt immer mehr Stoff; ist aber das Licht Bewegung, so kann das einemal die Bewegung nach rechts, das andere mal nach links, das einemal nach oben, das andere mal nach unten vor sich gehen, und es ist leicht einzusehen, daß dann die eine Bewegung, wenn sie der andern gleich und gerade entgegengesetzt ist, sie aufhebt, also Licht und Licht zusammen Dunkelheit gibt.

Der alten Optik, wenn wir so sagen dürfen, genügt die Emissionstheorie, der neuern die Undulationstheorie, die

*) Vergl. Pisko, Licht und Farbe. Naturkräfte II. pag. 372 u. 406.

Hypothese, daß die Lichtempfindung auf Schwingungen, periodischen Bewegungen sehr kleiner Theile irgend eines Stoffs, den man Aether nennt, beruhe. Daß die Emissionstheorie der neuen Optik nicht genügen könne, haben wir schon gesehen, es bleibt also noch die Frage übrig, ob die Undulationstheorie der alten Optik genüge, oder kurz gesagt, ob diese Theorie die geradlinige Fortpflanzung des Lichts erklären könne.

Nur wenn sich diese Frage bejahen läßt, dürfen wir die Undulationstheorie als die einzig richtige betrachten. Den Weg zur Lösung der Frage hat der französische Physiker Fresnel gebahnt, wir folgen seiner Auseinandersetzung mehr im Einzelnen, weil ohne dies eine Reihe von Fragen der Spectralanalyse ein volles Verständniß nicht zulassen, und weil sonst bei den einfachsten Erscheinungen ein Wirrwar von Schwingungen uns bedroht, in welchem wir uns vergeblich zurecht zu finden suchen würden.

Was wir voraussetzen, ist, daß ein leuchtender Körper die Aethertheilchen in seiner nächsten Nähe in rasche Schwingungen versetze, d. h. in Bewegungen, die in bestimmten kleinen Bruchtheilen einer Sekunde in immer gleicher Weise sich wiederholen, und daß jede einzelne Schwingung aus zwei Hälften bestehe, von denen die eine Bewegungen nach einer, die andere nach der entgegengesetzten Seite aufweist. Das bekannteste Bild einer solchen Bewegung werden immer die Wasserwellen bleiben. Da, wo der Stein in die ruhige Oberfläche fällt, beginnt ein Auf- und Abgehen der Wassertheilchen, das sich allmählig nach allen Seiten hin fortpflanzt. Auf jeden Wellenberg folgt ein Wellenthal, d. h. der Bewegung nach oben in der ersten Hälfte folgt die Bewegung nach unten in der zweiten Hälfte; wo eben ein Wellenberg war, ist nachher ein Wellenthal, d. h. an jeder Stelle findet eine Schwingung statt, in deren erster Hälfte die Bewegung der der zweiten Hälfte entgegengesetzt ist.

Diese Verschiedenheit der Bewegung in den zwei Hälften der Schwingung führt zu der Erscheinung der Interferenz. Wenn ein Theilchen von zwei Seiten her zur Bewegung angeregt wird, so nimmt es eine Bewegung an, die ihm das Gesetz des Parallelogramms der Bewegungen vorschreibt. Für uns sind zwei einzelne Fälle von besonderem Interesse: wenn das Theilchen von den zwei Seiten her gleich nach gleicher Richtung erregt wird, so ist seine Bewegung die Summe beider, wird es aber von beiden Seiten gleich aber nach entgegengesetzter Seite angeregt, so heben sich beide Bewegungen auf, das Theilchen bleibt in Ruhe, wir haben den Fall, daß Licht zu Licht hinzugethan Dunkelheit gibt. Wenn auf die ruhige Wasseroberfläche zwei Steine geworfen werden und die Wellenkreise allmählig über einander greifen, so sieht man leicht, daß überall wo ein Wellenberg und ein Wellenthal zusammen treffen, eine Erhebung nicht stattfindet, das Zusammentreffen zweier Wellenberge oder zweier Wellenthäler dagegen gibt einen um so höheren Berg oder ein um so tieferes Thal. Ebenso bei den Aethertheilchen, welche die Schwingungen des Lichts vermitteln: wenn zwei leuchtende Punkte vorhanden sind, welche Schwingungen aussenden, und wenn diese Schwingungen bis zu demselben Theilchen vorrücken, dann wird dies stark schwingen, wenn es von beiden Seiten her durch übereinstimmende Schwingungshälften getroffen wird. Sollten aber zwei entgegengesetzte Schwingungshälften zugleich beim Aethertheilchen eintreffen, dann kann dasselbe keine Bewegung annehmen, es bleibt in Ruhe, es ist dort Dunkelheit.

Wir haben schon mehrfach den Namen Aether gebraucht und stillschweigend vorausgesetzt, daß die Lichtschwingungen Bewegungen von Theilchen des Aethers seien. Es ist die einfache Unmöglichkeit, irgend einen bekannten Stoff als Träger der Lichtschwingungen anzunehmen, was uns nöthigt, zu einem unbekannten Etwas unsere Zuflucht zu nehmen. Lufttheilchen oder Gastheilchen, wie beim Schall, können es nicht sein, welche die Lichtempfindung vermitteln. Neben einer Reihe von Beweisen, welche die neuere Optik hiefür gibt, ist es insbesondere die Thatsache, daß das Licht ungeschwächt durch den luftverdünnten oder nahe luftleeren Raum hindurchgeht, und daß es durchsichtige Körper durchdringt (von denen wir nicht annehmen können, daß sie in ihrem Innern Gase enthalten), was uns nöthigt, einen Stoff anzunehmen, der Alles durchdringt und durch ungemein große Elasticität sich auszeichnet. Wir denken uns diesen Stoff überall in gleicher Dichte, aber in verschiedenen Körpern und nach verschiedenen Richtungen in Krystallen mit verschiedener Elasticität. Wir können ihn uns als schwer denken, um nicht den Vorwurf, ein Imponderabile in der Physik beizubehalten, auf uns zu laden. Da die Dichtigkeit überall gleich ist, läßt sich sein Gewicht nicht nachweisen: jeder Körper, der Aether enthält, ist schwerer, als er ohne Aether wäre, aber der umgebende Aether übt beim Abwägen einen Auftrieb auf ihn aus, welcher gerade so groß ist, als das Gewicht des in ihm enthaltenen Aethers.

Nur wenn wir Aether, wie Luft, verdünnen könnten, ließe sich sein Gewicht nachweisen.

Wenn in dem Aether, den wir uns als ungemein elastisch denken, ein Theilchen sich in Bewegung setzt, so muß es die nächst liegenden mit in die Bewegung hineinreißen. Das Theilchen ist nicht etwas für sich, sondern Theil eines großen Ganzen, das den ganzen Raum erfüllt. Bewegt sich ein Theilchen nach oben, so zieht es die nächst liegenden in dieselbe Bewegung nach oben mit hinein, geht es nachher nach unten, so folgen die andern mit gleicher Bewegung nach. Der Aether sucht immer seine gleiche Dichtigkeit zu behaupten. Wird ein Theilchen zur Seite verschoben, so nähert es sich einerseits andern Aethertheilchen, anderseits entfernt es sich von solchen. Zur Herstellung des Gleichgewichts müssen die andern ihm folgen.

Geht, was die einfachste Annahme ist, die Fortpflanzung einer einmal eingeleiteteu Bewegung mit gleichförmiger Geschwindigkeit vor sich, so gelangt die von einem leuchtenden Punkt ausgehende Schwingung nach einer bestimmten Zeit auf die Oberfläche einer Kugel, deren Mittelpunkt der leuchtende Punkt ist. Alle Aethertheilchen auf dieser Fläche bewegen sich nach gleicher Richtung, nach einer halben Schwingungsperiode aber nach entgegengesctzter Richtung, wieder nach einer halben Periode in der ursprünglichen Richtung u. s. w. Schwimmt auf der Oberfläche eines wellenbewegten Wasserspiegels ein Stückchen Holz, so kann man leicht beobachten, wie es in gleichen Perioden auf- und abgeschaukelt wird, ein Bild der in gleichen Perioden auf- und abgehenden Wassertheilchen. Und nun wird es keine Schwierigkeit mehr haben, auf

Fresnel's Erklärung der geradlinigen Fortpflanzung des Lichts einzugehen.

Wir nehmen die Fig. 1 zu Hilfe. Von einem Punkte P aus verbreite sich das Licht und sei nach einer bestimmten Zeit bis zu der Oberfläche einer Kugel gekommen, von der die Figur nur einen Theil

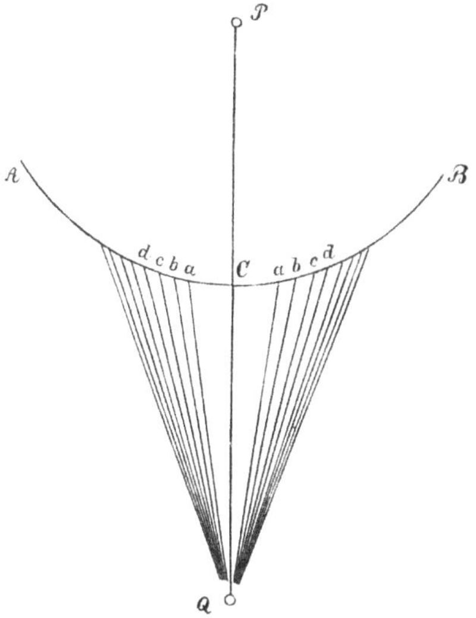

Fig. 1.

des Durchschnitts ACB mit der Zeichnungsebene enthält. Außerhalb der Kugel, ebenfalls in der Ebene der Zeichnung, befinde sich irgendwo ein Punkt Q: mit der Zeit wird auch er in die Schwingungen hineingezogen werden und wir stellen uns die Frage, welche Bewegung Q machen wird in Folge der Schwingungen auf der Kugel AB. Wir betrachten zunächst nur das, was in der Ebene des Papiers vor sich geht. Auf dem Kreisbogen AB haben in einem bestimmten Moment alle Aethertheilchen gleiche und gleich gerichtete Bewegung, jedes pflanzt seine Bewegung nach Q fort. Wir theilen dieselben in Gruppen ab. Am nächsten bei Q liegt das Aethertheilchen C, welches auf der Geraden PQ liegt; es wird also in der kürzesten Zeit seine Bewegung auf Q übertragen. Aethertheilchen, die zur Seite liegen, werden ihre Bewegung erst später an Q übertragen, weil der Weg von ihnen bis Q ein größerer ist. Die Aethertheilchen a, b, c, d u. s. w. seien nun so gewählt, daß jedes folgende um eine halbe Schwingungsperiode später das in Q liegende Aethertheilchen anregt. Ist das der Fall, so gibt a dem Theilchen Q die entgegengesetzte Bewegung von der, welche ihm C gibt, b wieder die entgegengesetzte von a, also die gleiche wie C; c wie a, aber b und C entgegengesetzt u. s. w.

C gebe zum Beispiel Q eine Bewegung nach oben, a gibt ihm dann eine Bewegung nach unten, und längs der Gruppe Ca würden die verschiedenen Aethertheilchen zunächst von C ausgehend Q nach oben ziehen, desto weniger, je weiter sie von C entfernt sind; dann wird eines kommen, welches Q weder nach oben noch nach unten zieht und dann eine Anzahl bis zu a, welche alle Q nach unten ziehen, desto mehr, je näher sie an a liegen. In der Gruppe ab wiederholt sich dasselbe in umgekehrter Ordnung. Die an a zunächst anliegenden setzen Q nach unten, die an b zunächst anliegenden nach oben in Bewegung. Würde die Gruppe Ca genau so viel Aethertheilchen enthalten, als die Gruppe ab, so gäbe es zu jedem Theilchen der ersten Gruppe, welches Q nach oben oder unten zieht, ein entsprechendes der zweiten Gruppe, welches Q nach unten oder oben zieht, d. h. Q bliebe in Ruhe. Dasselbe würde von den Gruppen bc und cd gelten und von allen folgenden Gruppen.

Dem ist nun aber nicht so, die Gruppe Ca enthält

unvergleichlich mehr Aetherteilchen, als die Gruppe a b. Dagegen enthält jede der folgenden Gruppen nahe gleich viel Aetherteilchen, *solange der Abstand CQ sehr groß ist gegen die Weite, auf welche sich in einer Schwingungsperiode die Bewegung fortpflanzt.* Diese Weite nennt man eine Wellenlänge, wieder vom Bild des Wassers ausgehend. Die Linie Qb ist um eine Wellenlänge größer als QC, deswegen wird Q von b und C gleich angeregt, wie zwei Punkte einer Wasseroberfläche, die vom Erregungspunkt der Wellen gleich weit oder um eine oder mehrere ganze Wellenlängen verschieden entfernt sind und immer gleich sich bewegen; sie gehören verschiedenen Wellen an, liegen aber in diesen gleich zu Berg und Thal. Qa ist um eine halbe Wellenlänge größer als QC, Qc um drei halbe Wellenlängen u. s. w. Entwirft man sich nun Figuren, wie die Figur 1, wählt aber QC sehr groß gegen die Wellenlänge, d. h. gegen den Unterschied der zwei Linien Qb und QC, so wird man finden, daß Ca unverhältnißmäßig groß gegen alle folgenden Gruppen ist, während die folgenden alle nahe gleich sind. Bedenkt man vollends, daß eine Wellenlänge blos etwa $\frac{1}{2000}$ mm. beträgt, so darf QC in Wirklichkeit sehr klein sein, vielleicht wenige Millimeter, und es wird immer noch der obige Satz bestehen, daß die erste Gruppe überwiegt gegenüber allen andern.

Sonach wäre das Resultat, daß Q so angeregt wird, als ob die Gruppen ab, bc, cd u. s. w. gar nicht da wären, also nur von der Gruppe Ca oder eigentlich von einem Theil der Gruppe Ca, da einiges durch die kleine Gruppe ab verloren geht. Das gleiche Resultat ergibt sich auf allen Kreisbögen der Kugel AB, welche durch den Punkt C gehen. Q wird also nur von einer kleinen Zone um C herum angeregt, alle weiter abstehenden Aethertheilchen heben sich in ihrer Wirkung auf. Eine einfache Berechnung zeigt, daß wenn der Halbmesser der Kugelwelle 1 Meter ist, und Q in der Entfernung von 2 Metern von dem leuchtenden Punkte genommen wird, die wirksame Zone um C herum nur dem schärfsten Auge in Q als feines Pünktchen erscheint, bei 4fachen, 9fachen u. s. w. Dimensionen noch 2mal, 3mal u. s. w. so klein. Wir dürfen also für alle gewöhnlichen Fälle sagen, das Licht pflanzt sich nach der Undulationstheorie so fort, als ob jeder Punkt, der erleuchtet wird, nur von Punkten, die auf seiner Verbindungslinie mit dem erleuchteten Punkte liegen, Licht erhielte, d. h. das Licht pflanzt sich geradlinig fort.

In jedem vorkommenden Fall brauchen wir uns um alle die Aethertheilchen nicht zu kümmern, welche nicht auf dem Wege vom leuchtenden zum beleuchteten Punkt liegen, ihre Einwirkungen heben sich alle gegenseitig auf. Wenn ich mit dem Auge einen Gegenstand fixire, so wirken auf die Netzhaut nur die Lichtschwingungen, welche von Aethertheilchen herkommen, die in gerader Linie mit dem betreffenden Theil der Netzhaut und dem Kreuzungspunkte des Auges liegen. An diese Stelle kommen keine andern wirksamen Strahlen, dort entsteht also das Bild des Punktes ungestört durch die vielen sonst von allen Seiten einfallenden Schwingungen.

Wenn dieses Resultat zunächst für Schwingungen gefunden worden ist, die sich in einer Ebene fortpflanzen, so ist doch die ganze Art der Ableitung von der Art, daß man sieht, der Satz gelte allgemein, denn er gilt für jede Ebene, die man durch den Lichtstrahl legt.

Daraus folgt dann unmittelbar der Erfahrungssatz, daß das Auge nur diejenigen Gegenstände sieht, auf welche es gerichtet wird. Schwingungen, die seitlich sich fortpflanzen, machen, obwohl sie die Wege der einwirkenden Strahlen kreuzen, keinen Eindruck.

2. Zurückwerfung und Brechung des Lichts.

Wenn das Licht an die Grenze zweier verschiedener Mittel gelangt, so kann die Fortpflanzung nicht mehr in der Art vor sich gehen, wie in dem Mittel, in dem es sich bisher bewegt hat. In verschiedenen Mitteln ist die Geschwindigkeit der Fortpflanzung der Aetherschwingungen verschieden. An der Grenze zweier verschiedener Mittel wird daher eine Aenderung der bisherigen Fortpflanzung stattfinden. Ein Theil des angekommenen Lichts wird in das Mittel zurückgeworfen, in welchem es angekommen ist, ein anderer wird in das neue Mittel übergehen; zu bestimmen ist die Richtnng, in welcher die Bewegungen vor sich gehen.

Denken wir uns einen leuchtenden Punkt P in einem Mittel, und einen zweiten Punkt A in demselben Mittel oder B in einem zweiten, welches von dem ersten durch eine Ebene ohne Ende getrennt ist. Welchen Weg legt das Licht von P aus zurück, um nach A oder B zu gelangen? Die Antwort auf beide Fragen ist, daß die Zeit, die zur Zurücklegung des Wegs nöthig ist, möglichst klein sein müsse.

Denn neben dem in kürzester Zeit zurückgelegten Weg von P nach A oder B gibt es ringsum beliebig viele in längerer Zeit, und zwar in beliebig längerer Zeit zurückgelegte Wege. Es gibt solche Wege, deren Zurücklegung eine halbe Schwingungsperiode mehr Zeit verlangt, oder eine ganze, eine und eine halbe u. s. w. Schwingungsperioden. Und es läßt sich immer nachweisen, wie bei der geradlinigen Fortpflanzung, daß die Schwingungen, welche auf weiterem Wege nach A oder B von P aus gelangen, sich gegenseitig durch Interferenz aufheben, also nur diejenigen wirksam bleiben, welche den kürzesten Weg von P nach A oder B machen, oder einen dem kürzesten ungemein nahe liegenden Weg.

Nehmen wir zunächst den Fall, daß Licht vom Punkte P zu einem Punkte A in demselben Mittel gelange, aber nicht direkt, sondern durch Zurückwerfung an der ebenen Grenze dieses und eines andern Mittels (Fig. 2). Vom Punkte P gehen Aetherschwingungen nach allen Seiten hin fort, treffen also eine Reihe von Punkten der ebenen Grenze, setzen dort

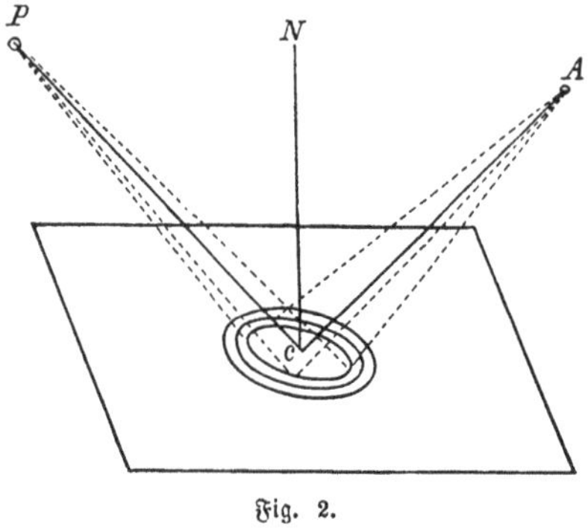

Fig. 2.

Aethertheilchen in Bewegung und von diesen aus pflanzt sich die Bewegung wieder weiter. Denken wir uns alle möglichen Wege von P nach A über einen Punkt der

Gränze, so sind diese Wege, die alle mit derselben dem ersten Mittel zukommenden Geschwindigkeit zurückgelegt werden, im Allgemeinen verschieden. Der kürzeste Weg ist derjenige, bei welchem der ankommende und zurückgeworfene Strahl mit der Senkrechten zum Einfallspunkt C gleiche Winkel bilden und zugleich mit ihr in einer Ebene liegen. Zur Seite von C nach allen Seiten hin liegen Punkte a, welche die Eigenschaft haben, daß der Weg von P nach A über sie um eine halbe Wellenlänge größer ist, dann Punkte b, über welche der Weg von P nach A um eine Wellenlänge größer ist, u. s. w. Wir erhalten so gerade wie bei der einfachen Fortpflanzung der Aetherschwingungen einer Kugelwelle auf der ebenen Grenze eine Zone um C bis zu den Punkten a, dann eine zweite Zone von den Punkten a zu den Punkten b u. s. w. In der letzten Zone gibt es stets ein Aethertheilchen, welches eine halbe Wellenlänge weiter Weg von P bis A verlangt, als ein entsprechendes Aethertheilchen in der ersten Zone um C. Ebenso gibt es solche entsprechende in der 3. und 4. Zone u. s. w. Nun ist auch hier wieder die erste Zone bei weitem die größte, die andern sind nicht sehr verschieden. Die von den letzten dem Punkt A mitgetheilten Bewegungen heben sich also sehr nahe auf, und es bleibt schließlich nur die Wirkung der in nächster Nähe von C liegenden Aethertheilchen. Die von P ausgehende nach A zurückgeworfene Bewegung ist dieselbe, als ob ein Strahl von P nach C und von da nach A gehen würde, dem Gesetze folgend, daß der einfallende und zurückgeworfene Strahl gleiche Winkel mit dem Einfallsloth bilden und mit ihm in derselben Ebene liegen, denn bei dieser Bewegung ist der Weg von P über die Ebene, an der die Zurückwerfung stattfindet, nach A der kürzeste. Auch hier ist wieder die Zone um C, welche allein in Betracht kommt, so klein, daß sie als Punkt betrachtet werden kann, so lange nicht die Wege so klein werden, daß sie den Wellenlängen vergleichbar sind.

Nur ein Theil des einfallenden Lichts wird zurückgeworfen, ein anderer tritt in das zweite Mittel ein. Dieser Uebergang ist deswegen complicirter, weil die Geschwindigkeit der Fortpflanzung im zweiten Mittel eine andere ist, als im ersten. In Folge dessen muß ein Strahl, der von P nach B gelangen soll, an der Grenze seine Richtung ändern, er wird gebrochen. Ist (Fig. 3.) C der Punkt, wo die Grenzebene getroffen wird, so verlangt die Geometrie, für den Fall, daß der Weg von P über C nach B in möglichst kurzer Zeit zurückgelegt werde, daß der einfallende Strahl PC und der gebrochene CB in derselben Ebene mit dem Einfallsloth

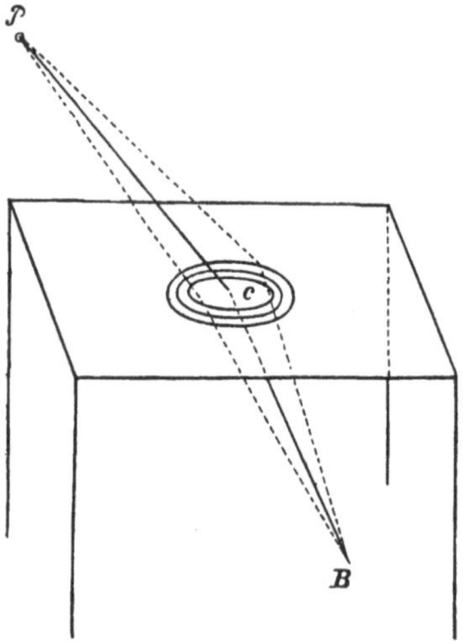

Fig. 3.

im C liege, und daß die Sinus der Winkel, welche sie mit dem Einfallsloth bilden, sich wie die Geschwindigkeiten in beiden Mitteln verhalten. Denkt man sich die Strahlen, welche einen um eine halbe, eine ganze u. s. w. Wellenlänge größeren Weg von P nach B zurücklegen, so treffen diese die Grenzebene wieder innerhalb bestimmter Zonen, von denen die innerste abermals bei weitem die größte ist, so daß ganz wie in den bisherigen Fällen alle Einwirkungen der Aethertheilchen, welche nur sehr wenig von C entfernt sind, sich aufheben, also die Brechung erfolgt, wie wenn von C allein aus Aetherschwingungen sich fortpflanzten und auch hier läßt sich die Zone um C wieder betrachten, als ob sie ein Punkt wäre, so lange die Entfernungen PC und CA im Verhältniß zu den Wellenlängen groß sind.

Dove hat ein Gleichniß gegeben, welches die Brechung des Lichts an der Grenze zweier verschiedener Mittel ungemein anschaulich macht, insbesondere die Abhängigkeit der Brechung von den verschiedenen Geschwindigkeiten im einen und andern Mittel erklärt. Man denke sich eine Abtheilung Kavallerie, in Front auf ebenem Feld vorrückend, schief gegen die Grenze, längs welcher das ebene Feld in ein frisch geackertes übergeht. Der linke Flügelmann erreiche zuerst die Grenze; auf dem frisch geackerten Feld kommt er langsamer vorwärts, als die übrigen Reiter und jedem folgenden, der die Grenze überschreitet, wird es ebenso gehen. Bis der rechte Flügelmann, der in a, war, (Fig. 4.) wenn der linke bei b, die Grenze erreicht hatte, ebenfalls (bei a_2) die Grenze erreicht, hat der linke eine Strecke b, b_2 auf dem frischgeackerten Feld zurückgelegt, welche kleiner ist als die vom rechten Flügelmann auf ebenem Feld zurückgelegte Strecke a, a_2, kleiner im Verhältniß der Geschwindigkeiten dort und hier. Da die Front beibehalten wird, so stellt sich die Linie in die Richtung

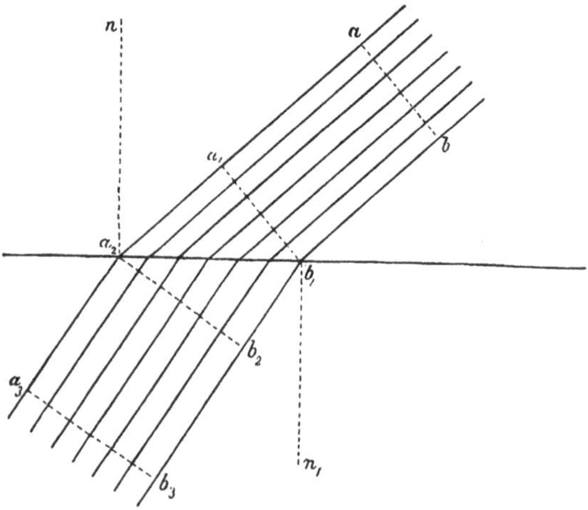

Fig. 4.

$a_2 b_2$ und geht jetzt, da alle nun auf dem umgeackerten Feld gleich langsam vorwärts kommen, parallel weiter nach $a_3 b_3$ u. s. w. Die Richtung $a a$, oder $b b$, in der die Schaar gegen die Grenze gekommen ist, hat sich also in die Richtung b, b_2 oder $a_2 a_3$ verwandelt.

Da aber a, a_2 und b, b_2 sich wie die Geschwindigkeiten auf beiden Feldern verhalten und da die Verhältnisse von a, a_2 zu $a_2 b$, und von b, b_2 zu derselben Länge $a_2 b$, in der Geometrie die Sinus der Winkel a, b, a_2 und $b, a_2 b_2$ oder der ihnen gleichen $a, a_2 n$ (Einfallswinkel) und $b_2 b, n$ (Brechungswinkel) sind, so hat man unmittelbar den Satz von Snell, daß die Sinus des Einfalls- und des Brechungswinkels sich verhalten, wie die Geschwindigkeiten in beiden Mitteln.

Eine einfache Construktion, um zu dem einfallenden Strahl den gebrochenen zu finden, hat Reusch gegeben. Um den Punkt O, (Fig. 5.) in welchem der einfallende

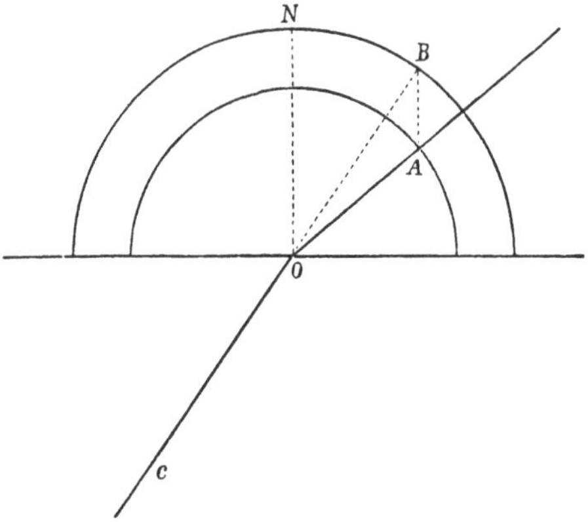

Fig. 5.

Strahl A die Grenze der zwei Mittel trifft, beschreibe man zwei Halbkreise im ersten Mittel, deren Halbmesser sich wie die Geschwindigkeiten in beiden Mitteln verhalten. Derjenige Halbkreis, welcher der Geschwindigkeit im zweiten Mittel entspricht, werde vom einfallenden Strahl im Punkte A getroffen; durch A ziehe man eine Parallele mit dem Einfallsloth ON, bis sie den zweiten Halbkreis in B trifft. Dann ist BO die Richtung des gebrochenen Strahls und die Verlängerung von BO also OC, der gebrochene Strahl selbst.

3. Dispersion.

So oft eine Brechung eintritt, treten Farbenerscheinungen auf. Läßt man einen Sonnenstrahl in ein dunkles Zimmer eintreten und auf die Oberfläche einer Flüssigkeit fallen, so sieht man bei dem gebrochenen in der Flüssigkeit fortgehenden Strahl farbige Säume, einen rothen und einen violetten. Nach der Undulationstheorie können die Aethertheilchen mit verschiedenen Geschwindigkeiten schwingen, d. h. die Dauer der Periode, innerhalb der das Aethertheilchen nach der einen und dann nach der andern Seite geht, um dann wieder von vorne anzufangen, ist unter Umständen verschieden. Die verschiedene Schwingungsdauer der Aethertheilchen bringt auf die Sehnerven verschiedenen Eindruck hervor, es gibt also verschiedene Lichtarten. Wir bezeichnen diese Lichtarten im Allgemeinen mit dem Namen „Farbe“ und können sonach sagen: die Farbe ist durch die Schwingungsdauer der Aethertheilchen bedingt.

Daraus ergiebt sich sogleich, daß es eine bestimmte Zahl von Farben nicht gibt, sondern unzählig viele in einander übergehende, da kein Grund vorhanden ist, wenn einmal verschiedene Schwingungsdauern zugestanden sind, einzelne bestimmte auszuschließen. Eine Grenze wird nur deswegen anzunehmen sein, weil die Sehnerven für eine sehr kurze oder eine sehr lange Schwingungsdauer nicht mehr empfänglich sind, wie wir ja auch wissen, daß das Ohr Luftschwingungen nicht mehr als Ton empfindet, wenn gar zu wenig oder gar zu viel in bestimmter Zeit statthaben. Freilich ist die Zahl der Aetherschwingungen in einer Sekunde eine geradezu erschreckende, 500 bis 800 Billionen, so daß die Schwingungsdauer des rothen Lichts etwa ein Fünfhundertbilliontel, die des violetten ein Achthundertbilliontel einer Sekunde beträgt. Kürzere oder längere Schwingungsdauern wirken nicht mehr auf den Sehnerven, wohl aber die kürzeren auf das photographische Papier, die längeren wärmeerzeugend auf die Thermosäule.

Ist die Schwingungsdauer einer Farbe bekannt und die Geschwindigkeit, mit der sich die Aetherschwingungen fortpflanzen, so kennt man auch den Weg, um welchen sich die Schwingungen während der Schwingungsdauer fortpflanzen, d. h. während der Periode, in welcher zuerst Bewegung nach der einen Richtung, dann nach der entgegengesetzten vor sich geht. Dieser Weg ist die oben genannte und benützte Wellenlänge, so daß also aus der Wellenlänge und der Fortpflanzungsgeschwindigkeit des Lichts sich die Schwingungsdauer der Aethertheilchen ergibt. An ein direktes Messen der so ungemein kleinen Zeit der Schwingung ist natürlich nicht zu denken.

Sonach schiene es am einfachsten, überhaupt nicht von der Schwingungsdauer zu sprechen, da sie nicht unmittelbar meßbar ist, sondern blos von der Wellenlänge. Allein das ist, obwohl gebräuchlich, doch keineswegs zu rechtfertigen, weil die Wellenlänge derselben Farbe in verschiedenen Mitteln verschieden ist, da die Geschwindigkeit des Lichts von Mittel zu Mittel sich ändert. Nur die Schwingungsdauer bleibt für jede Farbe constant, mag der farbige Strahl im leeren Raum oder in einem beliebigen Mittel sich bewegen, also ist auch nur die Schwingungsdauer zur Definition der Farbe zu gebrauchen. Will man doch die Wellenlänge verwenden, so muß ein für allemal festgestellt werden, für welches Mittel dieselbe angegeben ist. Gewöhnlich wird hiefür der leere Raum, manchmal aber auch die atmosphärische Luft gewählt.

Im leeren Raum ist die Fortpflanzungsgeschwindigkeit aller farbigen Strahlen dieselbe, also die Wellenlänge einfach proportional der Schwingungsdauer; in jedem anderen Mittel ist sie dagegen von Farbe zu Farbe verschieden und daher keine so einfache Beziehung von Wellenlänge und Schwingungsdauer mehr möglich. In welcher Weise die Geschwindigkeit von Mittel zu Mittel sich ändert, muß in jedem Fall durch den Versuch bestimmt werden. Das Verhältniß der Geschwindigkeit im leeren Raum und einem andern Mittel nennt man den Brechungsquotienten des Mittels. Seine Bestimmung ergiebt sich nach dem Snell'schen Gesetze, wenn man in irgend welcher Art die Einfallswinkel und Brechungswinkel mißt. Bestimmt man ihn für verschiedene Farben, so findet man damit unmittelbar die verschiedene Geschwindigkeit ihrer Fortpflanzung in dem Mittel.

Nun hat sich eben gezeigt, daß die Stärke der Brechung vom Verhältniß der Geschwindigkeit im ersten und zweiten Mittel abhängt. Also wird auch jede Farbe oder jede Schwingung mit gegebener Schwingungsdauer ihre besondere Brechung aus einem Mittel in ein anderes haben. Rothe Strahlen werden anders gebrochen, als gelbe oder grüne oder blaue, und da es unendlich viele Schwingungsdauern gibt, so muß es auch unendlich viele Brechungsquotienten geben. Die Brechung des Lichts ist also der einfachste Anhalt, um zu sehen, ob in ankommenden Lichtstrahlen nur Schwingungen einer Art oder verschiedener Arten enthalten sind.

Doch hier taucht eine neue Frage auf: Ist es möglich, daß in einem Lichtstrahl Schwingungen verschiedener Art, verschiedener Schwingungsdauer vereinigt sind, die sich bei der Brechung trennen, und wenn dies der Fall ist, wie verhält sich das Auge zu solchen combinirten Schwingungen? Dieselbe Frage erhebt sich auch bei den Tönen: wenn wir ein ganzes Orchester hören, so kann doch in jedem Moment nur eine bestimmte Luftbewegung in unser Ohr dringen, die Resultante aus allen den Bewegungen, welche die einzelnen Instrumente der Luft in der Nähe unseres Ohrs mittheilen. Der Physiker kann es sich hier bequem machen und die Frage dem Physiologen zuschieben, indem er sagt, die Einwirkung von Bewegungen auf die Sinnesorgane und die Vermittlung der Empfindung durch die Sinnesorgane sei entschieden Sache des Physiologen. Auf der andern Seite ist aber klar, daß jede Erklärung des Physiologen wieder auf physikalischen Gesetzen beruhen muß, soweit überhaupt Erklärung möglich ist, und insofern hat auch die Physik ihr hohes Interesse bei der Arbeit des Physiologen.

Wie es möglich ist, daß die Gesammtbewegung, welche ein Orchester unserm Trommelfell mittheilt, sich wieder in die einzelnen Theile zerlege, so daß die Aufmerksamkeit auch auf ein specielles Instrument oder auf mehrere sich concentriren kann, das wird wohl jeder Leser dieser Zeilen aus dem klassischen Werke von Helmholtz über die Tonempfindungen entnommen haben, es wird nur der Erinnerung bedürfen, daß die Mitschwingung dabei die Hauptrolle spielt, die Eigenthümlichkeit jedes schwingenden Körpers, in Schwingungen zu gerathen, sobald ein anderer Körper Schwingungen gleicher Art, d. h. von derselben Schwingungsdauer in der Nähe ausführt. Die Corti'schen Fasern im Innern des Ohres sollen das Vermittelnde sein, was die Zerlegung der Gesammtbewegung in die einzelnen Bewegungen möglich macht.

Das Auge steht in dieser Beziehung nicht auf gleicher Stufe mit dem Ohr, es hat nicht die Fähigkeit, die verschiedenen ankommenden Aetherschwingnngen mit verschiedenen Schwingungsdauern zu sondern, es kann nicht, wenn ein Geräusch von Aetherschwingungen ankommt, sagen: die und die Schwingungsdauer ist darunter; es erhält immer nur einen Gesammteindruck, den es in seine einzelne Theile nicht zerlegt. Wenn alle denkbaren Schwingungen, die das Auge überhaupt empfindet, in dasselbe mit gleicher Stärke gelangen, so hat es die Empfindung des weißen Lichts. Sowie bestimmte Schwingungsdauern fehlen, so entsteht die Farbe, eine Farbe desto einfacherer Art, je mehr sich die Schwingungsdauern auf eine bestimmte Weite beschränken, und die reinste Farbe, wenn überhaupt nur eine Schwingungsdauer bei den Aetherschwingungen vorkommt.

Eine solche Farbe heißt homogen, sie macht den Eindruck der Reinheit und Einfachheit. Die Anilinfarben, mit denen die neueste Chemie uns beschenkt hat, verdanken ihre Pracht und Klarheit eben dem Umstand, daß sie nahezu Schwingungen einer und derselben Dauer aussenden, daß sie homogen sind. Alle andern im praktischen Leben angewandten Farben sind mit sehr geringen Ausnahmen gemischte Farben und machen deswegen nicht den angenehmen Eindruck wie jene. Das Bestreben, schöne Farben darzustellen, kommt im Wesentlichen immer darauf hinaus, homogene Farben zu gewinnen. Woher diese Eigenthümlichkeit des Auges gegenüber den Ohren rührt, darüber ist physiologische Sicherheit noch nicht gewonnen.

Die Spektralanalyse hat die Aufgabe übernommen, dem Mangel des Auges in der Zerlegung der Aetherschwingungen abzuhelfen, jedes ankommende Gemisch von Lichtstrahlen in die einzelnen homogenen Theile aufzulösen, um darnach eine Definition des ankommenden Lichtes geben zu können.

In beiden Fällen, beim Ohr und beim Auge, verbinden sich zunächst die einfachen Schwingungen zu einem Ganzen, weil jedes Lufttheilchen und jedes Aethertheilchen eben nur eine Bewegung annehmen kann. Alle die Einzelbewegungen, die von den verschiedenen Tonquellen herkommen, alle die Schwingungen verschiedener Dauer, die eine bestimmte Lichtquelle aussendet, ertheilen den dem empfindenden Organ nächsten Luft- oder Aethertheilchen Bewegungen, die sich zu einer Resultante zusammensetzen. Nach dieser Resultante — in Größe und Richtung — bewegt sich das Theilchen.

Das Ohr bekommt die Empfindung jedes Einzeleindrucks oder kann diese wenigstens durch Aufmerksamkeit so zu sagen erzwingen, das Auge erhält nur einen Gesammteindruck und kann höchstens nach langer Uebung, wenn es vielfach schon gleiche Eindrücke erhalten hat und wenn dieselben ihm künstlich zerlegt worden sind, sogleich erkennen, welche Einzeleindrücke in dem Gesammteindruck enthalten sind.

Wie die Spektralanalyse diese Aufgabe zu lösen hat, ist unmittelbar klar, sie muß den Satz benützen, daß verschiedene Farben verschieden gebrochen werden. Handelt es sich dann um Auseinanderlegen eines Farbengemisches, so unterwirft man die Strahlen einer einmaligen oder mehrmaligen Brechung, aus den Brechungsquotienten ergibt sich die Geschwindigkeit und damit die Schwingungsdauer, wenn die Wellenlänge bekannt ist. Damit ergibt sich aber sogleich ein Uebelstand: der Brechungsquotient für sich genügt nicht zur Bestimmung der Schwingungsdauer, weil auch die Wellenlänge bekannt sein muß. Die ersten Angaben der Spektralanalyse leiden alle unter diesem Uebelstand, sie geben nur den Brechungsquotienten. Neuerdings dagegen sieht man sich mit Hilfe der Beugung des Lichts im Stande, auch die Wellenlänge im leeren Raum oder die Schwingungsdauer anzugeben. Es wird nicht nöthig sein, schon hier auf die Theorie der Beugung einzugehen, dazu wird sich später Gelegenheit geben. Wir wollen jetzt die allgemeine Theorie des Lichts, wie sie die Undulationstheorie fordert, verlassen und unserer speciellen Aufgabe näher rücken, indem wir die Methode der Spektralanalyse an der Hand jener Theorie näher betrachten.

II. Methode der Spektralanalyse.

1. Prisma.

Nach der Aufgabe der Spektralanalyse, welche darin besteht, die einzelnen Schwingungsdauern in einem Gemisch verschiedener Strahlen zu bestimmen, würde es das einfachste sein, das Gemisch einer Brechung zu unterwerfen und die Lage der gebrochenen Strahlen zu den ankommenden zu untersuchen. Diese Art der Untersuchung hat aber ihre praktischen Schwierigkeiten. Alles Licht, das in unser Auge gelangt, bewegt sich in Luft unmittelbar ehe es in das Auge eintritt. Nur wenn wir das Auge etwa in eine Flüssigkeit eintauchen, würde die Luft als Uebertragerin der Schwingungen wegfallen, und wir könnten — abgesehen von den weiteren Brechungen in den Flüssigkeiten des Auges — direkt die verschiedene Brechung verschiedener Farben beobachten. Viel einfacher ist es, das zusammengesetzte Licht eine zweimalige Brechung durchmachen zu lassen, es in ein stark brechendes Mittel eintreten und dann wieder aus ihm austreten zu lassen, in der Art, daß die Brechung beim Eintritt nachher beim Austritt noch erhöht wird. Die getrennten Strahlen gehen dann durch die Luft weiter und gelangen in das Auge, welches erstens ihre verschiedene Farbe und zweitens ihre verschiedene Lage erkennt, oder fallen sie direkt auf einen Schirm, auf welchem das Auge wieder verschiedene Farbe und Lage wahrnimmt. Selbst das mit nur mangelhaft ausgebildetem Farbensinn ausgerüstete Auge kann dann aus der verschiedenen Lage auf die Schwingungsdauer und somit auf die Farbe schließen.

Der einfachste Apparat, um jene zwei Brechungen zu Stande zu bringen, ist das Prisma. So nennt der Physiker jeden durchsichtigen Körper, der irgend zwei ebene Flächen besitzt, durch welche das Licht eintritt und austritt. Für gewöhnlich hat ein solches Prisma die Form eines dreiseitigen Prisma, — hier das Wort im Sinne des Geometers genommen — an welchem zwei Seitenflächen eben geschliffen und polirt sind; die dritte Seitenfläche und die Endflächen, welche senkrecht auf den Seitenflächen stehen, sind rauh gelassen oder durch dunkeln Anstrich undurchsichtig gemacht. Auch Prismen von Flüssigkeiten oder Gasen kann man sich verschaffen, indem man ein Glasprisma der obigen Art von einer polirten Fläche zur andern durchbohrt und dann durch aufgekittete eben geschliffene Gläser mit zwei parallelen Flächen die Oeffnungen schließt. Durch eine Endfläche geht eine zweite Durchbohrung senkrecht zur ersten, durch einen Stöpsel verschließbar: dort kann die Flüssigkeit eingegossen werden. Die zwei Gläser mit parallelen Flächen können die Brechung nicht ändern, jeder auf sie auffallende Strahl wird allerdings gebrochen, aber da der gebrochene Strahl die zweite Fläche unter demselben Winkel trifft, wie die erste, da beide parallel sind, so wird beim Austritt die Ablenkung vom Einfallsloth so groß sein, als sie beim Eintritt war, d. h. der Strahl verläßt die Glasplatte in derselben Richtung (freilich etwas verschoben gegen den ursprünglichen Strahl), in der er angekommen ist.

Wollen wir den Durchgang eines Strahls durch ein Prisma bestimmen, so müssen wir die Richtung des einfallenden Strahls und den Brechungsquotienten kennen, damit ist dann alles andere gegeben, da wir nach der oben (S. 17) gegebenen Regel aus dem einfallenden Strahl den gebrochenen und aus diesem, indem wir ihn als einfallenden auf die zweite Fläche betrachten, den austretenden bestimmen können. Von den unendlich vielen Fällen, die bei jedem Prisma vorkommen können, da der einfallende Strahl jede beliebige Lage zum Einfallsloth haben kann, interessirt uns nur eine Art von Fällen, wenn nemlich der einfallende Strahl senkrecht zur brechenden Kante ist, d. h. zu der Linie, in welcher die brechenden Flächen zusammenstoßen. Anders ausgedrückt: wenn man das Prisma auf eine Endfläche stellt, so daß die brechende Kante vertikal ist, so behandeln wir nur den Fall, daß horizontale Strahlen durch das Prisma gehen. Da der gebrochene Strahl in der Ebene durch den einfallenden Strahl und das Einfallsloth liegt, oder kürzer gesagt in der Einfallsebene, und da jene zwei Geraden im angenommenen Fall horizontal sind, so ist die Einfallsebene horizontal, d. h. der einfallende, gebrochene und austretende Strahl liegen alle in einer Ebene, sind alle horizontal. Es ist nicht blos die Einfachheit dieser Verhältnisse, was den Physiker bestimmt, ausschließlich solche Strahlen zu benutzen, es ist noch ein anderer viel wichtigerer Umstand. Wenn von einem Punkte Lichtstrahlen ausgehen und gebrochen werden, so schneiden sich die gebrochenen nicht in einem Punkt, d. h. es gibt kein scharfes Bild. Wer mit einem Fernrohr einen Gegenstand unter einer Wasseroberfläche betrachten will, sieht ihn nie vollkommen deutlich, selbst wenn die Oberfläche vollkommen ruhig ist, außer wenn er vertikal abwärts sieht. Aber es gibt bestimmte Verhältnisse, wo das Bild schärfer ist, als sonst und das ist beim Prisma der Fall, wenn alle Strahlen senkrecht zur brechenden Kante sich bewegen und in ihrer Nähe durch das Prisma gehen.

Wo der einfallende Strahl die erste brechende Ebene trifft, ist gleichgiltig, wenn es sich nur um die Richtung der Strahlen handelt. Ist man dessen eingedenk, so kann man durch Zeichnung sehr einfach den Strahl verfolgen, der in einer zur brechenden Kante senkrechten Ebene durch das Prisma geht. Es sei (Fig. 6.) a b der einfallende

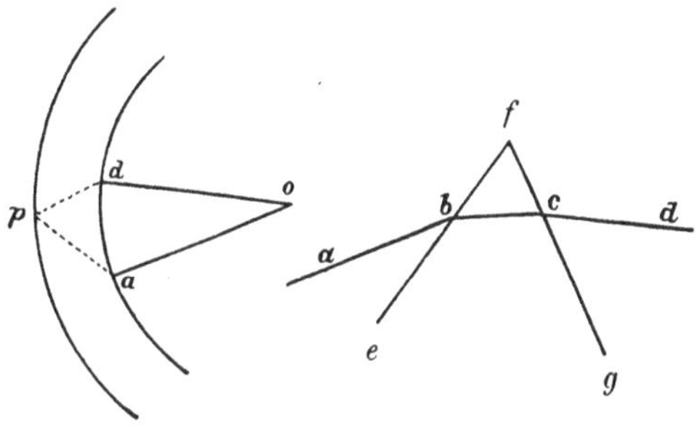

Fig. 6.

Strahl, e f und f g die Spuren der brechenden Flächen auf der Ebene des Papiers, also f die Projektion der brechenden Kante. Man ziehe auf der Seite zwei concentrische Kreise, deren Halbmesser sich wie die Geschwindigkeiten außerhalb und innerhalb des Prisma verhalten (d. h. deren Verhältniß gleich dem Brechungsquotienten ist). Der Halbmesser o a im kleinern Kreis sei parallel mit dem einfallenden Strahl a b. Durch a werde eine Parallele zur Einfallsnormale gezogen, welche den äußeren Kreis in p trifft, dann ist nach S. 17 o p die Richtung des gebrochenen Strahls b c im Prisma. Zieht man noch durch p eine Parallele zur Normale der zweiten brechenden Fläche des Prisma, welche den innern Kreis in d schneidet, so ist o d die Richtung des austretenden Strahls. Die Construction läßt sich ganz mechanisch ausführen, wenn man sich merkt, daß die Parallele zur Normale einer brechenden Fläche beim Uebergang vom dünnern zum dichtern Mittel vom innern zum äußeren Kreis führen muß, in entgegengesetzter Richtung dagegen beim Uebergang vom dichtern zum dünnern.

Man sieht, es ist eine verhältnißmäßig einfache geometrische Aufgabe, den Gang eines Strahls durch ein Prisma zu verfolgen, wenn der Strahl in einer zur brechenden Kante senkrechten Ebene einfällt. Um für jeden beliebigen Strahl in einer solchen Ebene den austretenden zu finden, dürfte man nur für jeden einzelnen die Construction wiederholen. Rascher aber kommt man zu einer Uebersicht der möglichen Verhältnisse, wenn man den Versuch praktisch anstellt. Man lasse in ein dunkles Zimmer einen horizontalen Sonnenstrahl einfallen. In die Bahn dieses Strahls werde ein Prisma gebracht mit horizontaler auf dem Lichtstrahl senkrechter brechender Kante, so aufgestellt, daß es leicht um eine zu dieser brechenden Kante parallele Axe gedreht werden kann. Man kehre zunächst die undurchsichtige Fläche des Prisma gegen den Strahl, dann wird kein Licht durchgehen und drehe nun, bis die obere der polirten Flächen horizontal sich stellt. Jetzt streift der Lichtstrahl über die Fläche hin und es erscheint nun bei der geringsten weitern Drehung in gleichem Sinn, auf dem Boden oder Tisch ein farbiges Bild, da die Sonne Strahlen von verschiedenen Schwingungsdauern aussendet. Es liegt weiter ab von der Oeffnung, wo das Licht eintritt, als das Prisma selbst.

Bei langsamem fortgesetzten Drehen entfernt sich das farbige Bild noch weiter von jener Oeffnung, bis es endlich stehen bleibt, und bei weiterem Drehen wieder umkehrt. Diesen Moment halten wir fest. Wäre das Prisma nicht da, so würde der Lichtstrahl horizontal bis zur gegenüberliegenden Wand des Zimmers gehen; das Prisma lenkt den Strahl ab, die neue Richtung bildet mit der horizontalen einen Winkel, der der Ablenkungswinkel heißt. Beim Streifen des Strahls auf der obern horizontalen Fläche war die Ablenkung am größten, beim Drehen nimmt die Ablenkung ab, bis jene Grenze eintritt. Dann hat die Ablenkung den kleinsten Werth, und man kann sich überzeugen, daß der einfallende Strahl unter demselben Winkel das Prisma trifft, unter welchem der austretende es verläßt.

Ebenso hätten wir von Anfang an entgegengesetzt drehen können, die untere polirte Fläche wäre dann zuerst horizontal geworden, das farbige Bild hätte sich an der Decke gezeigt, und wäre dort bis zu einer bestimmten Grenze vormarschirt, um dann wieder umzukehren. Mit der Ablenkung verhielte es sich gerade so wie vorher.

Jene Lage der kleinsten Ablenkung, bei welcher der

Strahl unter demselben Winkel ein- und austritt, ist für die Spektralanalyse die wichtigste, aus zwei Gründen. Einmal ergibt sich aus der leicht zu messenden kleinsten Ablenkung der Brechungsquotient des Prisma, und dann wird ein Gegenstand, der nach dieser Richtung durch das Prisma gesehen wird, am wenigsten verzerrt, erscheint also am schärfsten und deutlichsten. Den ersten Satz kann man durch einfache geometrische Betrachtung aus der Fig. 6 finden, wenn man den Winkel o d p gleich o a p annimmt. Dann hat das Viereck o d p a zwei Paare gleicher Seiten o d und o a, p d und p a. Der Winkel a o p des einfallenden Strahls mit dem gebrochenen, ist gleich dem Winkel d o p des austretenden mit dem gebrochenen, die Ablenkung sowohl beim Eintritt als beim Austritt ist die Hälfte der ganzen Ablenkung. Der Winkel o p d oder o p a des gebrochenen Strahls innerhalb des Prisma's mit der Senkrechten zu einer der brechenden Flächen, d. h. der Brechungswinkel ist der halbe Prismenwinkel d p a, also der Einfallswinkel das arithmetische Mittel der Ablenkung und des Prismenwinkels, und somit der Brechungsquotient das Verhältniß der Sinus der hienach bekannten Einfalls- und Brechungswinkel. Was aber den zweiten Satz betrifft, daß in der Nähe der kleinsten Ablenkung das Bild am wenigsten verzerrt sei, so ergibt er sich einfach folgendermaßen. Wir nennen ein Bild verzerrt, wenn Entfernungen, die auf dem Gegenstand gleich erscheinen, im Bilde ungleich sich darstellen, wenn z. B. drei Punkte A, B, C des Gegenstandes, die auf einer geraden Linie so liegen, daß AB = BC ist, im Bilde als drei Punkte a, b, c erscheinen, bei welchen die Distanz a b eine andere ist, als die Distanz bc.

Da nun die Ablenkung von dem Einfallswinkel 90° bis zu dem Einfallswinkel, bei welchem die Ablenkung den kleinsten Werth hat, abnimmt und da zugleich damit auch die Unterschiede der Ablenkung nahe liegender Strahlen abnehmen, so werden die Strahlen, die beim Auffallen auf das Prisma einen gleichwinkligen Fächer bilden, (so daß der erste und zweite denselben Winkel einschließen, wie der zweite und dritte), nach der Brechung dies nicht mehr thun. Aber die Verschiedenheit der neuen Winkel ist bei streifendem Einfallen eine beträchtliche, beim Einfallen mit kleinster Ablenkung eine verschwindende. Eine weitere Folge dieser Verschiedenheit ist, daß, wenn die drei Strahlen von einem leuchtenden Punkte ausgehen, sie nach der Brechung nicht mehr von einem solchen auszugehen scheinen, sich nicht mehr in einem Punkt schneiden. Oder anders ausgedrückt: ein leuchtender Punkt wird wegen jener Verschiedenheit nicht als Punkt, sondern als heller Fleck gesehen. Man kann sonach sagen, daß ein scharfes Bild eines Gegenstandes am besten durch Strahlen zu Stande kommt, welche in der Nähe der kleinsten Ablenkung durch das Prisma hindurchgehen.

Dazu kommt noch eine Bemerkung, die sich auf alle Strahlen gleichmäßig bezieht: wenn die Lichtstrahlen innerhalb des Prisma's einen größern Weg zurücklegen, so ist ihre gegenseitige Verschiebung größer, die Vereinigung derselben zum Bild eines Punkts, wenn sie von einem leuchtenden Punkt ausgehen, ist unvollkommener, als wenn sie in der Nähe der brechenden Kante durchgehen.

Somit ergibt sich die Regel, bei spektralanalytischen Beobachtungen so durch das Prisma zu sehen, daß die

Strahlen vom beobachteten Objekt in das Auge auf dem Wege der kleinsten Ablenkung und nahe an der brechenden Kante sich bewegen.

Die Frage ist nur, wie diese Lage des Prisma gefunden wird. Vor allem hat man sich zu hüten, wenn man z. B. die Flamme einer Kerze mit dem Prisma betrachten will, mit dem Auge direkt gegen die Flamme zu sehen, denn alles Licht, das durch das Prisma geht, wird mehr oder weniger abgelenkt, kann also nicht in das Auge gelangen, wenn Gegenstand und Prisma in gerader Linie mit dem Auge liegen. Steht die brechende Kante vertikal auf der rechten Seite des Prisma, so hat man rechts von dem Gegenstand das Bild zu suchen, steht sie auf der linken Seite, links. Wenn die brechende Kante horizontal ist, so ist das Bild oben oder unten zu suchen, je nachdem die brechende Kante oben oder unten liegt. Also immer, wie auch das Prisma liegen mag, ist das Bild des Gegenstands nach der Seite der brechenden Kante zu suchen: man wendet zuerst das Auge gegen den Gegenstand und dann auf Seite der brechenden Kante ab, mehr oder weniger, je nachdem der brechende Winkel und der Brechungsquotient größer oder kleiner ist. Hat man das Bild gefunden, so dreht man, ohne es aus dem Auge zu lassen, das Prisma, bis die Ablenkung am kleinsten ist, d. h. bis die Richtung des Auges sich am meisten der direkten Richtung zum Gegenstand genähert hat.

2. Das Spektrum.

Betrachten wir nun das Bild näher, welches das Prisma gibt: z. B. das Bild einer Kerzenflamme. Wenn dieselbe Strahlen verschiedener Schwingungsdauer aussendet, so kann das Bild nicht einfach sein, denn jeder Strahl mit anderer Schwingungsdauer wird auch im Prisma anders gebrochen, aber es kann auch nicht eine Anzahl getrennter Bilder geben, die verschiedene Farben zeigen, denn der Unterschied der Brechung ist zu klein dazu. Also ergibt sich, daß man eine große Anzahl von Bildern — soviel als es verschiedene Schwingungsdauern gibt — erhält, von denen jedes über das vorhergehende und folgende übergreift.

Würde die Kerzenflamme nur rothes und gelbes Licht enthalten, so entstünde ein rothes und ein gelbes Bild, das rothe schwächer gebrochen, als das gelbe. In der Mitte würden sich beide Bilder decken, also den Eindruck von rothgelb machen, nach der Seite der brechenden Kante hätte dieses rothgelbe Bild einen gelben, nach der Seite des Gegenstands einen rothen Rand. Hat die Kerzenflamme rothes, gelbes, grünes und blaues Licht, so entsteht ein rothes Bild, welches am wenigsten abgelenkt ist, dann stärker abgelenkt der Reihe nach ein gelbes, ein grünes und ein blaues. Das gelbe Bild bedeckt das rothe, das grüne das gelbe und das blaue das grüne; ist der Gegenstand breit genug, so wird das grüne und blaue Bild auch noch das rothe theilweise bedecken, so daß vom Gegenstand gegen die brechende Kante auf einanderfolgen: ein rother Rand, Mischung von roth und gelb, dann von roth, gelb, grün; nachher von roth, gelb, grün und blau, d. h. von allen Farben, die die Kerze ausstrahlt, dann Mischuug von gelb, grün und blau, nachher von grün und blau, und schließlich ein blauer Rand.

Da das weiße Licht alle möglichen Schwingungsdauern enthält, so wird bei Betrachtung eines Gegenstands, der weißes Licht ausstrahlt, z. B. eines weiß glühenden Platindraths, eine unendliche Zahl von Bildern entstehen, von denen jedes gegen das andere verschoben ist. Das Gesammtbild, das so entsteht, heißt **Spektrum** des Gegenstands. Von der Breite des betrachteten Gegenstands wird es abhängen, was dies für einen Eindruck macht, weil die Bilder desto mehr über einander greifen, je breiter sie sind. Betrachten wir z. B. ein Fenster mit dem Prisma bei vertikaler brechender Kante und zwar nur einen Flügel, so zeigt sich, wenn die brechende Kante nach rechts steht, links ein rothgelber, rechts ein violetter Saum; die Mitte ist weiß. Wir haben es ja mit nahezu weißem Licht zu thun, welches durch das Fenster einfällt, das Prisma gibt also unendlich viele Bilder des Fensters, die wir nach der gewöhnlich angenommenen Farbenreihe als rothe, orange, gelbe, grüne, blaue und violette bezeichnen können mit allen möglichen Uebergangsfarben. Sonach wird wieder auf Seite des Gegenstands ein rother Rand, dann Mischung von roth und orange, von roth, orange und gelb, von roth, orange, gelb und grün u. s. w. und schließlich von allen Farben entstehen. Das heißt: in der Mitte haben wir weiß. Kommen wir immer mehr gegen die brechende Kante, so wird endlich das roth, dann roth und orange, dann roth, orange und gelb u. s. w. in der Mischung fehlen, blau und violett wird mehr und mehr überwiegen, und endlich ein violetter Rand das Spektrum des Fensters abschließen.

Ist dagegen ein sehr dünner weiß glühender Platindraht der Gegenstand, der durch das Prisma betrachtet wird, so ist das Bild, das jeder Schwingungsdauer entspricht, so schmal, daß es vielleicht noch einige vorhergehende und einige folgende Bilder, die zu anderen Schwingungsdauern gehören, bedeckt, aber jedenfalls nicht viele. Es werden also viel weniger Mischungen und Mischungen von weniger Farben vorkommen, als beim Fensterbilde, und je schmäler der Gegenstand ist, je mehr er eine scharfe zur brechenden Kante parallele Linie vorstellt, desto weniger Mischungen kommen vor, desto reiner sind die Farben, desto reiner das Spektrum.

Handelt es sich also, wie in der Spektralanalyse, darum, die einzelnen Farben zu trennen, um daraus die Natur eines zusammengesetzten Lichts zu erkennen, so muß der Gegenstand so schmal als möglich gewählt werden. Aber in Wirklichkeit sind eben die zu untersuchenden Gegenstände nicht so schmal als man will; eine Kerzenflamme, eine Gasflamme, ein glühender Draht und ähnliches haben alle zu große Dimensionen und es steht nicht in unserer Hand — allerhöchstens auf Kosten der Intensität des Lichts — sie beliebig schmäler zu machen.

Noch weniger wird dies möglich sein, wenn wir etwa außerirdische Gegenstände betrachten, die Sonne, den Mond, die Planeten u. s. w. Nur die Sterne bei ihrer ungeheuren Entfernung würden die nöthige Gedrungenheit besitzen. Wollaston hat zuerst ein praktisches Mittel gefunden, um diesem Uebelstande abzuhelfen. Es handelt sich ja darum, das Licht eines Körpers zu untersuchen, nicht die Gestalt des Körpers, man braucht also nicht das Licht des ganzen Körpers durch das Prima gehen zu lassen, es genügt ein beliebig kleiner Theil, wenn er nur noch genügende Helligkeit gewährt. Soll also der zu betrachtende Gegenstand sehr schmal sein, so läßt man von dem von ihm ausstrahlenden Licht eben nur ein sehr schmales Bündel auf das Prisma fallen, und man erreicht dies, indem man das von dem Gegenstand kommende Licht durch eine Spalte fallen läßt, die beliebig schmal sich machen läßt und der brechenden Kante des Prisma parallel aufgestellt wird.

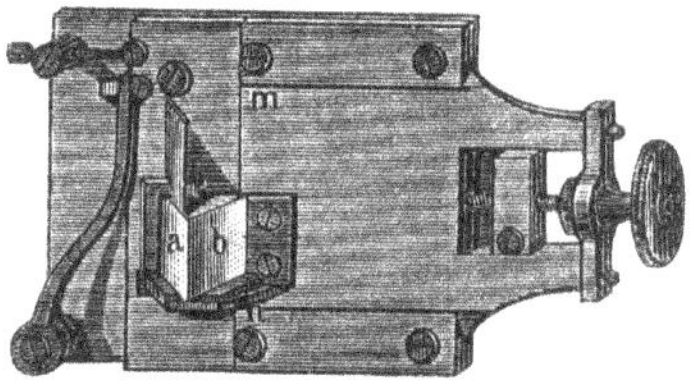

Fig. 7.

Eine solche Spalte wird jetzt (Fig. 7.) durch zwei Metallplatten hergestellt, von denen eine fest, die andere beweglich ist, beide in denselben Falz eingelassen. Die letzte kann der ersten durch eine feine Schraube ganz allmählig genähert werden. Die einander zugekehrten Seiten der Metallplatten sind schief abgefeilt und abgeschliffen, so daß beim Zusammenstoß beider nur die scharfen Kanten sich berühren. Die Herstellung einer solchen Spalte ist ein schwieriges Werk, da Erforderniß ist, daß die Ränder der Spalte genau parallel seien und bei der Verschiebung es bleiben. Wäre das nicht der Fall, so würde das Spektrum in seinen verschiedenen Theilen verschiedenen Eindruck machen, da bei weiterer Spalte die Einzel-Bilder stärker über einander greifen, als bei engerer. Außerdem handelt es sich darum, die Spalte so eng als möglich zu machen, was bei intensivem Lichte, z. B. Sonnenlicht, keinen Nachtheil, dagegen den großen Vortheil hat, daß die Farben in möglichster Reinheit erscheinen.

Wenn man mit einer nicht vollkommenen Spalte, die sehr eng gestellt ist, eine intensive Lichtquelle, die Sonne, das elektrische Licht oder auch eine starke Gasflamme, betrachtet, so sieht man feine dunkle Linien, welche von Farbe zu Farbe, also in einer zur Spalte senkrechten Richtung das Spektrum durchziehen. Diese dunkeln Linien sind durch fehlerhafte Stellen der Spalte oder durch Staub zwischen den Rändern der Spalte hervorgebracht. Legt man die Spalte in diesem Zustande unter das Mikroskop, so sieht man, daß stellenweise die feine Oeffnung unterbrochen ist, durch Metalltheilchen, die vorstehen, oder durch Staubtheilchen, welche zwischen den Metallkanten sich festgesetzt haben und die kein Licht durchlassen, also im Spektrum dunkle zur Spalte senkrechte Linien erscheinen lassen, weil durch die freien Spaltentheile oben und unten Licht durchgeht, das sich im Spektrum senkrecht zur Spalte ausbreitet. Wer mit dem Spektroskop nicht vertraut ist, muß sich wohl hüten, diese zur Spalte senkrechten dunkeln Linien nicht mit anderen bekannten dunkeln Linien, den sogenannten Fraunhofer'schen, zu verwechseln. Die letzten sind immer parallel zur Spaltrichtung.

Nehmen wir an, die Spalte sei vollkommen, oder ignoriren wir die senkrecht zu ihr verlaufenden dunkeln Linien. Was wir beobachten wollen, ist jetzt nicht mehr der leuchtende Gegenstand, sondern die von ihm beleuchtete Spalte. Von der Spalte soll das Prisma die verschiedenen Bilder geben, welche den verschiedenen Schwingungsdauern entsprechen; die Spalte muß also durch das Prisma hindurch so scharf als möglich gesehen werden. Für verschiedene Augen muß sie daher in verschiedene Entfernungen gestellt werden, wie jedes Auge nur bei einer bestimmten Stellung des Okulars deutlich durch ein Fernrohr sicht. Die Entfernung der Spalte muß so eingerichtet werden, daß sie in deutlicher Sehweite des Auges sich befindet, für Kurzsichtige näher, für Fernsichtige entfernter; am einfachsten erreicht man dies durch Anbringung der Spalte an einer Röhre, welche aus- und einschiebbar ist, wie die Röhre eines Fernrohrs.

Und nun können wir uns nach allen Richtungen hin Rechenschaft geben von dem einfachsten Spektroskop, wie es zuerst von Mousson angegeben und von Schadewell in Dresden ausgeführt worden ist. (Fig. 8.) Dieses Instrument genügt vollständig für die einfachsten Versuche aus

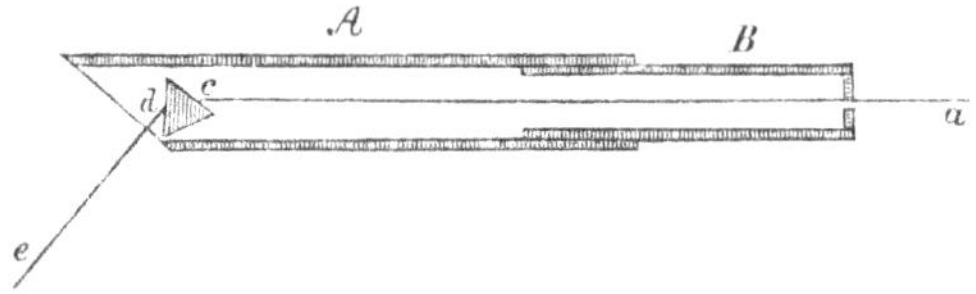

Fig. 8.

der Spektralanalyse. Vermittelst eines Messinganſatzes ist eine innen geschwärzte Messingröhre an einem vertikalen Statif verschiebbar. In dieses Messingrohr ist vorn ein zweites geschoben, welches die Spalte trägt und soweit verschiebbar ist, daß der Kurzsichtige und Weitsichtige die Spalte auf richtige Sehweite einstellen kann. Rückwärts, wo das Auge seine Stellung hat, ist ein kürzeres schräg abgeschnittenes Rohr übergeschoben, in dessen Innerem ein Prisma sich befindet, das um eine zur brechenden Kante parallele Axe gedreht werden kann. Die schiefe Fläche, mit der das Rohr endigt, ist parallel zur eben genannten Axe, und hat ein Sehloch, vor welches die Pupille zu stehen kommt. Wir drehen das vordere und hintere Rohr so, daß die Spalte vertikal steht und ebenso die Drehaxe des Prisma's. Durch Drehung des Prisma's wird es nun möglich sein, es in die Lage der kleinsten Ablenkung zu stellen. Am besten wird dieser Versuch mit einer einfarbigen Flamme angestellt, z. B. der Flamme einer Alkohollampe, deren Docht mit Kochsalz eingerieben ist. Nachdem diese Einstellung gelungen ist, verschiebt man die Spalte nach außen oder innen solange, bis das Bild derselben vollkommen scharf erscheint. Je mehr man fremdes Licht abhält, durch einen Schirm oder durch Dunkelmachen des Zimmers oder durch Operation bei Nacht, desto sicherer kann man diese Einstellung des Instruments, die für dasselbe Auge immer gleich bleibt, ein- für allemal ausführen.

Zu einem solchen einfachen Apparat braucht man nur ein kleines Prisma, ein Quadratcentimeter Oberfläche der brechenden Flächen genügt vollkommen. Ein solches Prisma läßt sich aber viel leichter fehlerfrei und viel billiger herstellen als ein großes. Es können nun freilich Fälle vorkommen, wo die Zerstreuung eines Prisma von gewöhnlichem Glase nicht genügt, das Spektrum wird nicht genug in die Breite gezogen, um alle Einzelnheiten zu erkennen. Aber es gibt doch jetzt verschiedene Glassorten, welchen durch Beimischung verschiedener Metalle eine große Zerstreuungskraft verliehen worden ist. Es ist bekannt, daß Beimischung von Blei zu dem gewöhnlichen Glase — man nennt solches Glas Flintglas im Gegensatz zum gewöhnlichen, dem man den Namen Crownglas gegeben hat, beides zuerst in England — seine zerstreuende Kraft bedeutend erhöht. Die Spektralanalyse hat ein Metall entdeckt — das Thallium — welches ihr wieder Dienste leistet, da das Thalliumglas eine noch viel größere zerstreuende Kraft besitzt, als das Flintglas. Freilich haben alle stark zerstreuenden Gläser den Uebelstand, daß die polirte Oberfläche empfindlich für oxydirende Wirkungen ist, sie müssen also möglichst sorgfältig behandelt werden.

Selbstverständlich lassen sich mit diesem Apparat keine Messungen ausführen, da kein getheilter Kreis und keine Skala vorhanden ist, es läßt sich die Ablenkung nicht messen, also auch nicht der Brechungsquotient und die Schwingungsdauer des an bestimmter Stelle gesehenen Lichts. Aber es gibt doch einen allgemeinen Ueberblick über die Art der verschiedenen Spektra, und es wird passend sein, daß wir diese Arten vorher kennen lernen, ehe wir complicirtere Apparate betrachten, welche bestimmten Zwecken dienen.

3. Verschiedenheit der Spektra.

Unser Auge ist nicht im Stande, von einer Farbe mit Sicherheit zu erklären, ob sie einfarbig oder homogen ist. Das Spektrum belehrt uns darüber augenblicklich. Wenn es nur aus einem Bilde der Spalte besteht oder nur eine farbige Linie zeigt (parallel zur Spalte oder zur brechenden Kante), so wissen wir, daß das Licht, welches die Spalte beleuchtet, nur Schwingungen einer bestimmten Schwingungsdauer enthält. Das merkwürdigste Beispiel dieser Art ist das Spektrum des Natriums. Wir haben dasselbe schon benutzt, um das Spektroskop richtig einzustellen. Es wird beispielsweise erhalten, wie dort gesagt wurde, wenn man den Docht einer Alkohollampe mit Kochsalz einreibt. Es wird erhalten, wenn man den Bunsen'schen Brenner (Fig. 9), in welchem Leuchtgas unter Luftzutritt verbrennt wird, wobei eine nichtleuchtende Flamme entsteht vor die Spalte stellt. Die nichtleuchtende Flamme gibt kein Spektrum, sie leuchtet viel zu schwach; aber immer wird man

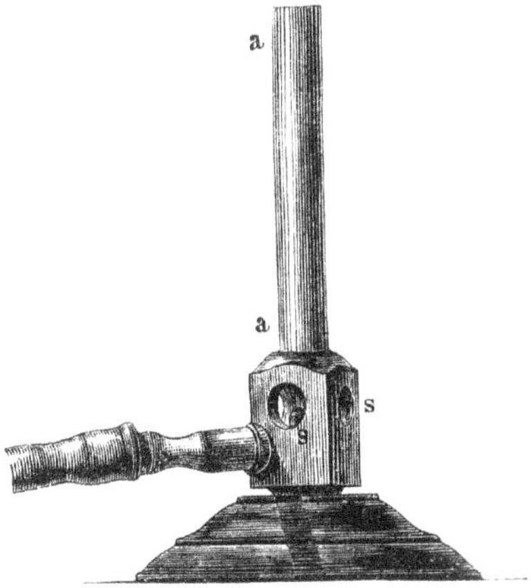

Fig. 9.

von Zeit zu Zeit die gelbe Natriumlinie aufleuchten sehen. Natrium ist in der Atmosphäre ungemein verbreitet, aller Staub enthält es, wohl auch der Wasserdampf unserer Atmosphäre, der zum Theil wenigstens in der Regel vom Meere herkommt. Durch Wellenschlag und Verdunstung gelangt es aus dem Meere, das zwei Drittel der Erdoberfläche bedeckt, in die Luft und wird durch die Winde in feinster Vertheilung überall hin verbreitet.

Wenn in einem großen Zimmer in der vom Spektroskop entferntesten Ecke ein Minimum von Natrium, noch nicht ein Milliontel Milligramm, verpufft wird, so zeigt das Spektroskop schon die verschwindende Menge an, welche dem Bunsen'schen Brenner zuströmt und dort zum Glühen gebracht wird. Auch das Natriumlicht scheint nicht homogen im vollkommenen Sinne des Wortes zu sein, sondern Schwingungen verschiedener, allerdings sehr wenig verschiedener Schwingungsdauer zu enthalten; Beweise dafür werden sich später ergeben, aber jedenfalls scheint es neben Thallium nahezu die einzige Substanz zu sein, welche ein Spektrum in dieser größten Einfachheit gibt.

Man kann sich einfarbiges Licht verschaffen, indem man vielfarbiges, z. B. Sonnen- oder Gaslicht, durch Mittel gehen läßt, welche nur einzelne Farben durchlassen, alle andern absorbiren. So läßt das rothe Ueberfangglas nur rothe Strahlen durch, die Lösung von Jodgrün nur grüne, die von Anilinroth nur rothe u. s. w. aber das Bild der Spalte ist doch keine schmale Linie, sondern ein mehr oder weniger breiter Streifen, also haben wir doch verschiedene Strahlenarten, wenn auch von nahe aneinander liegenden Schwingungsdauern, hier vereinigt.

Das gerade Gegentheil des homogenen Lichts tritt bei allen weißglühenden flüssigen oder starren Körpern auf. Wird ein Platindraht zum Glühen gebracht und zwar so, daß die Erwärmung langsam vor sich geht, so beginnt das Glühen bei der Temperatur von 525° mit Rothglühen, es wird heller und heller und geht schließlich bei 1200° in Weißglühen über. Betrachtet man den Körper mit dem Spektroskop, so sieht man zunächst nur roth auftreten, dann orange, gelb u. s. w. bis schließlich alle Farben vertreten sind. Die Glühtemperatur ist bei allen Körpern, die überhaupt zum Glühen gebracht werden können, gleich, die obige Erscheinung findet also ausnahmslos statt bei derselben Temperatur, es erzeugt die niedrigere Temperatur Schwingungen von längerer Dauer, also weniger Schwingungen in gegebener Zeit. Nimmt die Temperatur zu, so bleiben diese Schwingungen bestehen, aber neben ihnen treten auch noch kürzer dauernde, zahlreichere Schwingungen auf, bis schließlich beim Weißglühen alle dem Auge sichtbaren Schwingungen vorhanden sind und in ihrer Combination den Eindruck von Weiß hervorbringen. Das Spektrum geht ohne Unterbrechung vom Roth zum Violet, es enthält Strahlen aller Schwingungsdauern, es ist continuirlich.

Im elektrischen Licht werden zwei Stücke Kohle weißglühend gemacht *), das Spektrum des elektrischen Lichts ist ein continuirliches; dasselbe ist aber auch der Fall bei einer gewöhnlichen Kerzenflamme, oder bei einer Gasflamme. Wir nehmen an, es befinden sich in diesen Flammen weißglühende Kohlentheilchen, welche die Flamme leuchtend machen. Ein kalter Körper in die Flamme gebracht wird rußig, d. h. die rasch abgekühlten starren Kohlentheilchen schlagen sich als dunkle Körperchen an der kalten Oberfläche nieder. Das, was leuchtet, ist also beim elektrischen Licht dasselbe, wie bei den gewöhnlichen Flammen, deren wir uns zur Beleuchtung bedienen.

Wenn ein leuchtender Körper nicht Licht von allen möglichen Schwingungsdauern aussendet, so ist sein Spektrum discontinuirlich, besteht aus einzelnen Linien oder aus Linien und breiteren Streifen oder Banden. Im all-

*) Carl, die elektrischen Naturkräfte, pag. 252.

gemeinen erhält man dieses Spektrum bei glühenden Gasen oder Dämpfen (das continuirliche bei glühenden flüssigen oder starren Körpern).

Um ein glühendes Gas oder einen glühenden Dampf zu erhalten, genügt in den meisten Fällen der schon oben erwähnte Bunsen'sche Brenner. (Fig. 9.) (Seite 42.) Führt man nämlich der Gasflamme, welche wegen der glühenden Kohlentheilchen ein continuirliches Spektrum gibt, atmosphärische Luft zu, was durch die Oeffnungen s geschieht (im Innern sieht man den Brenner, durch welchen Gas austritt, welches gemischt mit der Luft in der Röhre a aufsteigt und oben brennt), so werden die Kohlentheilchen verbrannt, ehe sie zum Glühen kommen, sie werden in Kohlenoxyd und Kohlensäure verwandelt, welche sehr schwach leuchten. Außerdem wächst wegen der vollständigen Verbrennung des Leuchtgases die Hitze der Flamme, also ihre Fähigkeit, starre oder flüssige Körper zu verflüchtigen.

Bringt man in diese Flamme vermittelst einer Platinschlinge ein Stückchen Kochsalz, so sieht man alsbald die Flamme sich gelb färben und das Spektroskop zeigt die gelbe Linie des Natriums. Kommt dagegen ein Stückchen Lithiumsalz in die Flamme des Bunsen'schen Brenners, so färbt sie sich intensiv karminroth. Das Spektrum zeigt eine intensive rothe und eine schwächer leuchtende orange Linie, sonst nichts, so daß das verdampfende Lithium Licht von zwei verschiedenen Schwingungsdauern aussendet. Die rothe Linie des Lithiums ist so intensiv, daß schon die kleinsten Mengen genügen, um sie erscheinen zu lassen. Der 600000ste Theil eines Milligramms reicht hin. Daher mag es nun auch rühren, daß das Spektroskop beinahe überall in der Natur Lithium nachweisen kann; in der Cigarrenasche, in der Asche von Milch, Blut, Weintrauben, Thee, Zucker u. s. w., in einer Menge von Mineralien, bei denen man früher an seine Anwesenheit gar nicht gedacht hatte, in Meteorsteinen, im Wasser des atlantischen Oceans. Strontium färbt die Bunsen'sche Flamme karmoisinroth, das bloße Auge ist kaum im Stande, diese Flamme von der des Lithiums zu unterscheiden, vermittelst des Spektroskops zeigt sich aber augenblicklich ein wesentlicher Unterschied, das Strontiumspektrum enthält eine Gruppe Linien in Roth und Orange und eine feine Linie im Blauen. Betrachten wir mit dem Spektroskope das rothe bengalische Licht, so erkennen wir augenblicklich die charakteristischen Linien des Strontiums. Daß dieses die Flamme intensiv roth färbt, ist längst bekannt, aber die Art der Farbe oder vielmehr die einzelnen Arten von Farben, die es gibt, hat erst das Spektroskop aufgedeckt.

Eigenthümliche Linien, die man bei bekannten Stoffen nicht auftreten sah, führten dazu, neue chemische Elemente aufzufinden, die in so geringer Menge in der Natur vorkommen, daß sie bis dahin unbemerkt geblieben waren. Das Cäsium, Rubidium, Thallium und Indium wurden so entdeckt und erhielten ihre Namen nach der Farbe ihrer charakteristischen Linien.

Der Bunsen'sche Brenner genügt nicht, um alle chemischen Elemente spektroskopisch kennen zu lernen, er entwickelt nicht die nöthige Menge Wärme, um bestimmte Substanzen zu verflüchtigen. Man wendet dann ein Gebläse an, durch welches man die Mengen Gas und atmosphärischer Luft, welche zuströmen, vermittelst angebrachter Hähne beliebig reguliren kann. (Fig. 10.) Durch das Rohr b strömt das Gas zu, durch G die Luft des Gebläses, das Rohr a umhüllt das Rohr b und führt dem Gase die Luft des Gebläses zu. Mit diesem Apparat kann man die meisten Stoffe, namentlich in ihren Chlorverbindungen, verflüchtigen und ihr Spektrum darstellen.

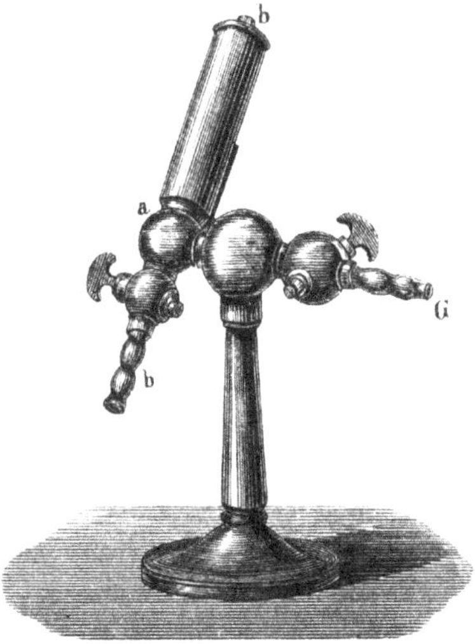

Fig. 10.

Manche Metalle verlangen aber doch noch höhere Temperaturen, diese gibt entweder das elektrische Licht oder der Induktionsfunke. Im ersten Falle wird die Substanz verflüchtigt, indem man in die untere Kohle eine kleine Grube gräbt, und eine kleine Quantität der Substanz hineinbringt. Zunächst werden die Kohlen bis zur Berührung genähert, der Strom geht durch und erwärmt die Kohlen und die Substanz: in der Regel, noch ehe die Kohlen weißglühend werden, verflüchtigt sich die Substanz und die Dämpfe bilden einen leuch=

tenden Bogen von einer Kohle zur andern, welcher zugleich den Durchgang des galvanischen Stroms unterhält. Man hat nun eigentlich drei Spektra, das continuirliche der glühenden Kohle unten, das discontinuirliche des Flammenbogens und dann das continuirliche der obern Kohle. Das erste und letzte kann man einfach durch Blendungen wegschaffen. Es gibt keine Substanz, welche der Wärme-Intensität der weißglühenden Kohlen Stand halten würde, aber die Herrichtung der Batterie von 40—50 Bunsen'schen Elementen, die dazu nöthig ist, ist umständlich und kostspielig, auch läßt sich die Batterie nur einige Stunden fortdauernd benützen.

Bequemer ist es daher im Allgemeinen, den Induktionsapparat zu benützen*), der durch eine beträchtlich kleinere Zahl von galvanischen Elementen, vier bis sechs, in Thätigkeit gesetzt wird. Die Fig. 11 zeigt, wie der Versuch angestellt wird. Auf einem Gestell P befindet sich ein Seitenarm mit einer Schraube D, in deren Ende ein zu untersuchender Draht eingesteckt wird. Auf demselben Gestell ist, durch einen Stab Hartkautschuck von dem eben genannten Seitenarm isolirt, ein zweiter dem ersten paralleler Seitenarm weiter oben angebracht, ebenfalls mit einer Schraube B, welche am untern Ende einen Metalldraht aufnehmen kann, so daß die zwei Metalldrähte sich gegenüber stehen, und durch die Schrauben innerhalb bestimmter Grenzen beliebig weit mit ihren Enden entfernt oder genähert werden können. Der obere

*) Ueber die Wirkungsweise dieses Apparates siehe Carl, elektrische Naturkräfte, pag. 217.

Seitenarm steht durch einen in die Messingsäule a, der untere durch einen in die Messingsäule d eingeschraubten Draht mit den Enden des Induktionsdrahts in Verbindung.

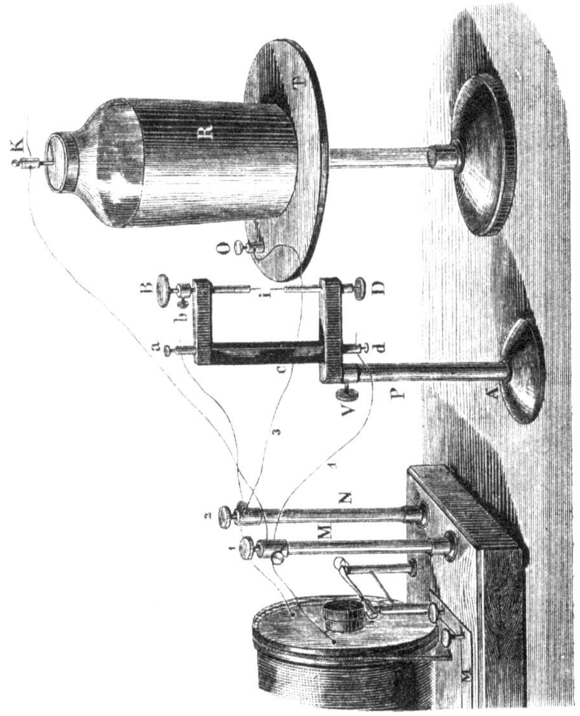

Fig. 11.

Wird der Induktionsapparat in Gang gesetzt, so springt der Funke zwischen den Metalldrähten über, reißt kleine Theilchen derselben ab, und verflüchtigt sie; man erhält einen Flammenbogen, wie beim elektrischen Licht zwischen den Kohlen, er wird mit dem Spektroskop beobachtet.

Sollte das Spektrum bei bestimmten Metalldrähten nicht intensiv genug sein, so kann man noch auf dem Wege des Induktionsdrahts eine Leydner Flasche oder eine Flaschenbatterie einschalten (R in Fig. 11). Dabei sammelt sich zunächst die Elektricität des Induktionsdrahts in der Flasche zu einer größeren Dichtigkeit an, man erhält weniger Funken, aber jeder einzelne ist intensiver; es wird mehr Licht und mehr Wärme entwickelt. Die Zahl der überspringenden Funken ist immer noch groß genug, um ein fortdauerndes Licht zu erhalten.

Endlich ist noch eine besondere Methode anzuwenden für Körper, welche an sich gasförmig sind. Sie werden in Glasröhren eingeschlossen, und in diesen Röhren durch den elektrischen Strom zum Glühen gebracht. Die Elektricität wird zugeleitet durch eingeschmolzene Metalldrähte, welche an den Enden der Röhre hervortreten. Enthält die Röhre einen sehr engen Theil, so ist dort das Licht am intensivsten und kann am besten mit dem Spektroskop untersucht werden. Solche Röhren wurden zuerst von dem berühmten Physiker Plücker in Bonn angewendet, von dem Mechaniker Geißler in Bonn angefertigt. Sie heißen darnach Geißler'sche Röhren. Soll die Elektricität, sei es der Influenzmaschine, sei es des Induktionsapparats, durch solche Röhren hindurchgehen, so muß die Pressung im Innern sehr klein sein, wenige Millimeter Quecksilberdruck betragen. Man erreicht dies, indem man die Röhre mit dem betreffenden Gase füllt, nachher auspumpt und zuschmilzt.

Sonach würde es keiner Schwierigkeit unterliegen, die Spektra aller chemischen Elemente festzustellen. Selbst ohne wirkliche Messung wird schon die Zahl der Linien und ihre Vertheilung und Färbung augenblicklich wieder den betreffenden Stoff erkennen lassen, wenn man sein Spektrum einmal beobachtet hat. Aber es tauchen nun auch eine Anzahl Schwierigkeiten auf, über die man sich Rechenschaft zu geben hat, soweit es möglich ist; denn volle Aufklärung läßt sich noch nicht in allen Fällen geben.

Zunächst tritt uns die Frage entgegen: wie steht es mit zusammengesetzten Körpern, insbesondere aber mit chemischen Verbindungen? Wenn Kochsalz in der Bunsen'schen Flamme eine helle Linie gibt, die sogenannte Natriumlinie, wo bleibt dann das Chlor, das in Verbindung mit Natrium das Kochsalz bildet? Und wenn Natrium-Phosphat auch nichts weiter gibt, als die gelbe Natriumlinie, wo bleibt dann das Spektrum des Phosphor und des Sauerstoffs? Thatsache ist, daß bei den Substanzen, welche durch die Bunsen'sche Lampe sich verflüchtigen lassen, das in der Substanz befindliche Metall den Ausschlag bei der Art des Spektrums gibt. Ob das Metall oxydirt ist, ob noch eine Säure hinzukommt, ist gleichgiltig. Dann gibt es aber auch wieder Substanzen, wie z. B. Plücker gezeigt hat, die für sich ein anderes Spektrum zeigen, als ihre Bestandtheile; z. B. Chlor-Phosphor zeigt Linien, welche weder bei Chlor für sich, noch bei Phosphor für sich beobachtet werden.

Handelt es sich blos um eine Mischung, so ist wohl das Natürlichste anzunehmen, daß das Spektrum alle Linien der einen und der anderen Substanz enthalte. Jedes der Bestandtheile sendet Lichtschwingungen bestimmter Art aus, vereinigt geben sie alle diese Schwingungen zu gleicher Zeit. Das ist nun auch der Fall bei Kalium, Natrium, Strontium, Calcium, Barium u. s. w. Ein Gemisch dieser Metalle oder von Verbindungen dieser Metalle im Bunsenschen Brenner verflüchtigt zeigt alle die hellen Linien neben einander, welche jedes einzeln zeigt, und gibt dadurch das einfachste Mittel zu einer chemischen Analyse. Dagegen scheint auch der Fall vorzukommen, daß einzelne Linien verschwinden, wenn andere da sind. Anwesenheit von Natrium soll z. B. das gleichzeitige Erscheinen der Thalliumlinie verhindern, die Spektrallinie des Rubidium soll sich nicht zeigen, wenn eine bedeutende Menge kohlensauren Cäsiumoxyds in dieselbe Flamme kommt; Salmiak soll das Kaliumspektrum verschwinden machen. Diese Thatsachen dadurch zu erklären, daß intensive Linien die schwächern verschwinden lassen, wird wohl nicht immer möglich sein, das Verschwinden findet auch noch statt, wenn man die intensiven Linien abblendet. Eine volle Erklärung wird wohl vorerst nicht möglich sein, es fehlt noch auf dem ausgedehnten Gebiete an umfassenden Untersuchungen.

Beim Verflüchtigen von Salzen wird in der Regel auch eine Aenderung der chemischen Verbindung vor sich gehen, meist eine Zersetzung und dann würden wohl die im Allgemeinen sehr hellen Linien der Metalle überwiegen gegenüber den meist schwachen der Metalloide, so daß die Spektren wesentlich nur Zeugniß von den Metallen ablegen. Wenn aber jene Zersetzung nicht vor sich geht, wenn die chemische Verbindung als solche verflüchtigt wird, dann scheint ein besonderes Spektrum, verschieden von den der einzelnen Bestandtheile, aufzutreten. So hat Mitscherlich nachgewiesen, daß Haloid-Verbindungen einiger Metalle andere Spektra geben, als die Metalle selbst. Auf der andern Seite geben Flammen, in welcher verschiedene Substanzen brennen, nach Dibbits gleiche Spektren, wenn das Verbrennungsprodukt dasselbe ist. Endlich kann auch dasselbe Element Anlaß zu verschiedenen Spektren geben, z. B. Stickstoff als Bestandtheil der Ammoniak- und der Cyanflamme: zwischen den Spektren dieser besteht fast gar keine Uebereinstimmung. Entweder leuchtet der Stickstoff in keiner der beiden Flammen oder befindet er sich in beiden in verschiedenem Zustand.

Damit wächst nun freilich die Zahl der nöthigen Versuche ins Fabelhafte, wenn nicht blos die Spektren der chemischen Elemente, sondern die aller chemischen Verbindungen für sich zu bestimmen sind. Aufgabe der Spektralanalyse wird es sein, hier bestimmte Gesetze festzustellen, welchen die Spektren solcher Verbindungen im Verhältniß zu den Spektren der einzelnen Elemente unterliegen. Vorerst wird jedenfalls soviel gelten, daß, wenn die Linien eines Elements vorhanden sind, auch das Element da ist. Dagegen wird der umgekehrte Schluß nicht immer gestattet sein.

Ferner ist zu bemerken, daß eben in der Feinheit, mit der die Spektralanalyse noch die kleinsten Mengen von Stoffen anzeigt, eine große Gefahr für den Beobachter liegt, weil zu dem Spektrum des zu untersuchenden Stoffes meist noch andere Spektren hinzutreten. Wenn ein Gas in eine Geißler'sche Röhre eingeschlossen ist und der elektrische Funke durchgeht, so wird er auch von den Drähten, von dem Glase Spuren mitnehmen und wenn das Gas nicht vollkommen rein ist, so können zu den Spektren jener Substanzen auch noch diejenigen kommen, welche die Unreinigkeiten mitbringen. In manchen Fällen wird erst die Spektralanalyse entscheiden müssen, ob ein Stoff chemisch rein ist und dadurch wird die Frage natürlich noch complicirter.

Wenn der Induktionsfunke zur Spektralanalyse benützt wird, so wird in der Regel neben dem gesuchten Spektrum auch noch das des Mittels auftreten, durch welches der Funke schlägt, also das Spektrum der Luft und wegen der ihr beigemischten Substanzen auch noch das des Wasserdampfes und der Kohlensäure.

Endlich übt noch Temperatur und Dichte der untersuchten Stoffe einen wesentlichen Einfluß auf das Spektrum. Wenn gewisse Stoffe schon im Bunsen'schen Brenner sich verflüchtigen und ein bestimmtes Spektrum zeigen, so entstehen doch bei höherer Temperatur, bei Verflüchtigung mit dem Induktionsapparat oder mit dem elektrischen Licht, mehr Linien als bei jener niedrigen Temperatur, ähnlich wie ein Metalldraht mehr und mehr Farben zeigt, je mehr sich seine Temperatur der der Weißglühhitze nähert. Ferner zeigt Wasserstoff im Zustande der größten Verdünnung ein grünliches Licht mit nur einer hellen Spektrallinie, bei größerer Dichtigkeit drei helle Linien, in Roth, Grün und Blau; bei noch größerer Dichtigkeit verbreitern sich diese Linien zu Streifen und Banden, bis schließlich ein continuirliches Spektrum entsteht. Manche Versuche weisen darauf hin, daß diese Eigenthümlichkeit eine allgemeine ist, daß also bei Untersuchung eines Körpers, wenn man vom

Zustand der größten Verdünnung ausgeht, zunächst nur wenig helle Linien im Spektrum auftreten, bei stärkerer Verdichtung mehr und mehr, bis schließlich das continuirliche Spektrum auftritt, wohl wenn der Körper durch Verdichtung in den flüssigen oder starren Zustand übergeht.

Sonach träte noch einmal eine Complication unserer Aufgabe auf, es müßte jedes chemische Element und jede chemische Verbindung untersucht werden nicht blos unter gewöhnlichen Verhältnissen des Drucks und der Temperatur, sondern unter allen möglichen, welche das Element oder die Verbindung eingehen kann. Da die Spektralanalyse noch in ihrem Kindesalter steht, so ist vorerst nicht an eine Aufklärung und Lösung aller dieser Fragen zu denken. Sie sollen deswegen hier auch nur angedeutet sein, um zu zeigen, welche Aufgaben noch unserer Wissenschaft harren.

4. Messung der Schwingungsdauer.

Beugungsspektra.

Wenn das bisher beschriebene Spektroskop im Allgemeinen die Art der Spektra kennen lehrt, so daß, wenn man eines z. B. von Natrium oder Lithium oder Kupfer u. s. w. gesehen hat, dasselbe wieder erkennen wird, wenn es ein andermal auftritt, so kann es doch nicht genügen, um die verschiedenen Schwingungsdauern festzustellen, also die eigentliche Aufgabe der Spektralanalyse zu lösen. Wir haben gesehen, daß dazu die Bestimmung des Brechungsquotienten vor Allem nöthig ist, daß dazu die Einstellung des Prisma auf kleinste Ablenkung, was nach dem Früheren keinem Anstand unterliegt, und Messung der Ablenkung nöthig ist. Diese Messung ist nur möglich, wenn mit dem Instrument ein getheilter Kreis verbunden ist oder eine beliebige Skala, auf welche man die Lage der einzelnen Linien bezieht. Im ersten Fall kann man unmittelbar die nöthigen Winkel messen, um den Brechungsquotienten zu berechnen und damit das Verhältniß der Geschwindigkeit des betreffenden Lichtstrahls zu der Geschwindigkeit desselben außerhalb. Im zweiten Fall kann man die Lage der hellen Linien verschiedener Spektren vergleichen, aber den Brechungscoefficienten nicht direkt bestimmen. Nun hat auch die Bestimmung des Brechungscoefficienten in der That kein Interesse für die Spektralanalyse, denn er gibt ja die Schwingungsdauer oder die Farbe doch nicht direkt. Wendet man ein anderes Prisma an, so erhält man für dieselbe helle Linie einen andern Brechungsquotienten, weil jede Substanz im Allgemeinen einem Strahl bestimmter Schwingungsdauer verschiedene Geschwindigkeit zutheilt. Wenn alle Welt mit demselben Prisma oder mit Prismen aus demselben Glasguß beobachten würde, dann würde es genügen zur Feststellung der Farben blos den Brechungsquotienten zu bestimmen, und wenn alle Welt dieselbe Skala anwenden wollte, so würde es auch genügen, diese Skala als Norm für die Lage der einzelnen hellen Linien zu benützen. Aber je mehr Einheiten zur Messung einer Größe festgesetzt werden, je mehr Bedingungen an die zu verwendenden Mittel gemacht werden, desto eher können Fehler vorkommen, die groß genug sind, um das ganze Resultat illusorisch zu machen.

Nimmt man z. B. ein Prisma aus gewöhnlichem Glas und eines aus Flintglas, so zeigt sich eine beträchtliche Verschiedenheit in dem Spektrum einer Lichtquelle mit allen möglichen Schwingungsdauern. Der blaue und violette Theil des Spektrums ist beim Flintglas viel entwickelter im Verhältniß zur Breite des ganzen Spektrums als bei Crownglas und es ändert sich dieses Verhältniß sehr beträchtlich je nach der Zusammensetzung des Glases, aus dem das Prisma besteht. Es wird also auch schwierig sein, zwei Prismen zu erhalten, die genau gleiche Brechungsquotienten für die verschiedenen Farben liefern. Jedes Prisma ist ein Individuum, das sich dem Licht gegenüber verschieden verhält.

Zum Behuf von feineren Messungen wird es sonach unbedingt geboten sein, einen andern Weg einzuschlagen, bei welchem man von der Eigenthümlichkeit des Prisma, die Fortpflanzungsgeschwindigkeit jeder Farbe in immer anderen Verhältnissen zu ändern, unabhängig ist. Dies geschieht, indem man die Beugung des Lichts zu Hilfe nimmt und mit ihrer Hilfe die Wellenlänge in Luft bestimmt.

Wir haben oben gesehen, wie die Wellentheorie die geradlinige Fortpflanzung des Lichtes erklärt. Die Bewegungen der Aethertheilchen auf einer Welle pflanzen sich nach allen Seiten hin fort; betrachten wir einen bestimmten Punkt außerhalb der Welle, so gelangen sie zu ihm auf verschieden langen Wegen. So oft der Weg wieder um eine Wellenlänge größer geworden ist, werden innerhalb der Zone, von welcher die um eine Wellenlänge verschiedenen Erregungen ausgehen, alle Wirkungen sich aufheben, wenn sich die Zone in zwei nahe gleiche Theile theilen läßt, von denen der eine ebenso viel Anregungen zur Bewegung nach der einen Seite, wie der andere nach der entgegengesetzten aussendet. So kommt es, daß außer der kleinen Zone, die in gerader Linie vom erleuchteten Punkt zum leuchtenden liegt, alle andern Theile der Welle sich in ihrer Wirkung aufheben. Dieser Satz bleibt bestehen, solange alle Aetherteilchen ihre Wirkung auf den erleuchteten Punkt ausüben können. Wenn aber ein dunkler Schirm die Wirkung einzelner hindert, dann kann sich die Sache anders gestalten, es kann das eigenthümliche Phänomen eintreten, daß das Licht auch seitlich mit merklicher Wirkung sich fortpflanzt, oder daß Beugung entsteht, wie man vom Standpunkt der Emissionstheorie, der geradlinigen Aussendung des Lichts sagt.

Denken wir uns nemlich (Fig. 1, S. 7) vor die Welle, welche von dem leuchtenden Punkt P ausgeht, einen dunkeln Schirm gestellt, welcher nur in der Umgebung von C eine kleine Oeffnung frei läßt, die Oeffnung aber groß genug, um eine Reihe von Zonen zu umfassen: dann wird der Punkt Q noch gerade so erleuchtet werden, wie wenn der Schirm nicht da wäre. Wird aber der Schirm mit seiner Oeffnung so verschoben, daß die eine Grenze der Oeffnung nahe mit C zusammen, jedoch noch darüber hinaus bis gegen a fällt, so wird Q nahe kein Licht erhalten, weil die noch freien Zonen a b, b c, c d u. s. w. sich in ihren Wirkungen sehr nahe aufheben. Bei Verschiebung der Oeffnung ist also Q beleuchtet, solange seine Verbindungslinie mit dem leuchtenden Punkt in die Oeffnung fällt; sowie aber diese Verbindungslinie den dunkeln Schirm trifft, erhält Q kein Licht mehr. Es ist dies die bekannte Erscheinung des Schattens.

Jetzt endlich nehmen wir eine sehr kleine Oeffnung, nur etwa von der Breite einer Zone. Ist diese kleine Oeffnung in nächster Nähe von C, so ist Q beleuchtet, die Wirkung der Zonen a b, b c u. s. w. die von selbst sich aufhebt, ist hier außerdem durch den Schirm unmöglich gemacht. Die Oeffnung rücke in die nächste Nähe von a, etwa gleiche Stücke rechts und links von a umfassend. Wir wissen, daß die Aethertheilchen rechts von a die entgegengesetzte Bewegung aussenden von den durch die Aethertheilchen links von a ausgegangenen, die Wirkungen heben sich auf, Q ist dunkel. Rückt dann der Schirm weiter vor, so daß die Oeffnung etwa die Strahlen zwischen a und b durchläßt, so ist Q wieder hell, weil zwischen a und b lauter Schwingungen ausgesendet werden, welche Q gleich anregen, u. s. w. Gehen wir also mit der Oeffnung, die freilich sehr klein sein muß, vorwärts, so wird Q abwechselnd hell und dunkel.

Statt den Schirm mit seiner Oeffnung zu verschieben, können wir auch ihn fest stehen lassen und den Punkt Q verschieben. Auch dann wird er abwechselnd hell und dunkel sein. Es wird also jetzt nicht mehr die bekannte Erscheinung des geometrischen Schattens auftreten, sondern um einen hellen Punkt, der in gerader Linie mit dem leuchtenden Punkt und der Mitte der Schirmöffnung liegt, werden abwechselnd dunkle und helle Kreise auftreten. Ist aber die Oeffnung nicht ein sehr kleiner Punkt, sondern eine schmale Linie, was den Vortheil bietet, daß überhaupt mehr Licht durch kann, so findet in der Längsrichtung wieder die geradlinige Fortpflanzung ihre Anwendung, in der Querrichtung die Beugung; man wird also in der Mitte eine helle Linie sehen, begrenzt von dunkeln Räumen zu beiden Seiten, dann wieder helle Linien u. s. w.

Solange man Licht von einer Schwingungsrichtung, homogenes Licht anwendet, zeigt sich diese einfachste Erscheinung und es ist leicht einzusehen, daß die Lage der hellen und dunkeln Linien in engster Beziehung zur Wellenlänge stehen muß. Eine Linie ist dunkel, wenn die Strahlen von ihr zu den Rändern der Spalte eine Wegdifferenz von einer Wellenlänge haben, weil dann die Bewegungen, die von der einen Hälfte ausgehen, der der andern Hälfte entgegengesetzt sind; ebenso aber auch offenbar, wenn jene Wegdifferenz 2 oder 3 u. s. w. Wellenlängen beträgt. Hat man die Lage der dunkeln Linie festgestellt, so braucht man also nur die Längen zu den zwei Rändern abzumessen, um aus ihrem Unterschied die Wellenlänge oder ein Vielfaches derselben zu finden. Welches Vielfache der Wellenlänge gefunden ist, ergiebt sich aus der Ordnungszahl der dunkeln Linie, wenn man von der mittlern hellsten aus zu zählen beginnt. Auf diese Weise läßt sich z. B. die Wellenlänge der Natriumlinie in der Luft bestimmen.

Um die ganze Erscheinung der Beugung intensiver zu erhalten, begnügt man sich nicht mit einer einfachen Spalte, sondern verwendet eine ganze Reihe gleich abstehender Spalten, deren Breiten nur nach Hunderteln von Millimetern zu messen sind. Eine solche Reihe von Spalten heißt ein Gitter, es wird durch Einritzen von Linien auf Glas mit dem Diamant, oder Einschneiden in einen

Rußüberzug oder Tuschüberzug auf Glas hervorgebracht. Natürliche Gitter kommen bei den Vogelfedern vor. Sieht man an durchsichtigeren Theilen nach einer Flamme, nach einem Reflex von Sonnenlicht u. s. w., so erkennt man die Beugungserscheinung augenblicklich an den auftretenden Farbenerscheinungen.*)

Hat man Licht mit verschiedenen Schwingungsdauern, also verschiedene Wellenlängen, so wird die Erscheinung für jede einzelne Farbe verschieden sein. Roth hat die größte, Violett die kleinste Wellenlänge, bei rothem Licht liegen die hellen und dunkeln Stellen weiter auseinander, als bei violettem. Ist die Lichtquelle eine Lithiumflamme, so treten zu beiden Seiten der mittlern hellen Linie zuerst gelbe, dann rothe Linien auf, dann wieder gelbe und rothe u. s. w. Ist die Lichtquelle eine mit continuirlichem Spektrum, so gibt die Verbindung aller einzelnen Erscheinungen wie bei der Brechung, ein volles Spektrum, mit Violett von der Mitte aus beginnend. Sind die Oeffnungen des Gitters fein genug, so lassen sich mehrere Spektra nach einander getrennt beobachten, die folgenden decken einander gegenseitig.

Die Beugungsspektra sind im Gegensatz zu den Brechungsspektren ganz unabhängig von dem Stoff des Gitters, hängen nur von den Dimensionen desselben ab. Operirt man in Luft, so erhält man die Wellenlängen in Luft und da der Brechungsquotient für alle Farben aus dem leeren Raum in Luft als gleich betrachtet werden kann, nemlich gleich 1,000294 unter normalen Verhältnissen, so darf

---

*) Siehe Pisko, Licht und Farbe, pag. 380.

man nur die erhaltenen Zahlen mit diesem Quotienten multipliciren, um die Wellenlänge im leeren Raum zu erhalten, und daraus ergibt sich dann die Schwingungsdauer durch Division mit der Wellenlänge in die Fortpflanzungsgeschwindigkeit des Lichts. Die Schwingungsdauer ist eine ungemein kleine Zahl, der 400- bis 700billionste Theil von Eins, die Schwingungszahl, d. h. die Zahl der Schwingungen in einer Sekunde, ist eine zu große Zahl nemlich 4 bis 7 hundert Billionen. Daher wird gewöhnlich die Wellenlänge gegeben und zwar in Milliontel Millimeter, so daß alle Wellenlängen sichtbarer Strahlen etwa zwischen 640 und 400 liegen. Angström in seinem Sonnenspektrum und Thalen in seiner Zusammenstellung der Spektra der verschiedenen chemischen Elemente haben diese Bezeichnung zum erstenmal ausschließlich gewählt und die in Luft beobachteten Wellenlängen auf den leeren Raum reducirt. Die Astronomen benützen dieselbe Bezeichnung ausschließlich und so wird wohl mit der Zeit diese Bezeichnungsart zur allgemeinen Geltung gelangen und die früher üblichen willkürlichen Skalen verdrängen. Wenn das Licht des Kometen Coggia, der in der Mitte des Jahrs 1874 erschienen ist, beschrieben werden soll, so genügen die drei Zahlen 554, 512 und 469: sein Spektrum zeigte drei helle Linien, deren Wellenlängen soviele Milliontel Millimeter betrugen.

Doch nun stehen wir abermals vor einer Schwierigkeit: mit dem Gitter zu operiren, um die Wellenlängen zu messen, gelingt nur bei intensivem Licht, also z. B. bei astronomischen Objekten in der Regel nicht, ebensowenig in der Regel bei dem Licht der Geißler'schen Röhren.

Ferner ist, wo das Licht intensiv genug ist, um das Gitter brauchen zu können, doch die Operation zu complicirt, um bei der meist großen Zahl von Linien, die zu bestimmen ist, bequem zu sein. Hier hilft man sich dadurch, daß man von einer bekannten Lichtquelle eine Reihe von Wellenlängen möglichst genau ein für allemal bestimmt und mit dem Spektrum dieser Lichtquelle direkt oder indirekt andere Spektren vergleicht.

5. Fraunhofer'sche Linien.

Als natürlichste Lichtquelle zu dieser Vergleichung erscheint das Spektrum der Sonne, weil es sich über alle Farben hin erstreckt und dabei doch noch — im Gegensatz zu dem Spektrum der Körper, die wir auf der Erde zum Glühen bringen — eine große Zahl fester, jederzeit erkennbarer Anhaltspunkte gibt, die sogenannten Fraunhofer'schen Linien. Wenn wir ihre Bedeutung auch erst später erkennen, so müssen wir sie doch jetzt schon zum angegebenen Zweck näher kennen lernen.

Newton war der erste, welcher durch eine große Anzahl von Versuchen alle Einzelheiten der Wirkung eines Prisma zu erkennen suchte, allein er verwendete dabei immer eine runde Oeffnung, es konnte ihm also nicht gelingen, die einzelnen Farben-Nuancen vollständig zu trennen. Erst im Jahr 1802 kam Wollaston auf den Gedanken, eine feine Spalte anzuwenden und sogleich fand er, daß die von Newton aufgestellte Behauptung, daß das Sonnenlicht ein continuirliches Spektrum gebe, nicht richtig sei, er fand, daß feine Linien parallel zur Spaltrichtung und zur brechenden Kante des Prisma im Spektrum auftreten, als eine Art Grenzlinien verschiedener Farben (wesentlich verschieden, um auch hier noch einmal darauf aufmerksam zu machen, von den Linien, welche senkrecht zur Spalte von Farbe zu Farbe ziehen und von der Unvollkommenheit der Spalte herrühren). Doch verfolgte Wollaston seine Entdeckung nicht weiter. Erst dem berühmten Münchner Optiker Fraunhofer war es vorbehalten, den hohen Werth dieser Linien, die nun nach ihm Fraunhofer'sche Linien heißen, ganz auszubeuten. Fraunhofer bestimmte über 500 solche scharfe dunkle Linien und bezeichnete die ausgezeichnetsten mit den Buchstaben A, B, C u. s. w. Da diese Linien stets an derselben Stelle auftreten, so geben sie eine vollkommen scharfe Bezeichnung für bestimmte Farben oder Wellenlängen. Wenn man früher von äußerstem Roth, von den Grenzen des Gelb, des Grün u. s. w. sprach, so lag darin viel Willkürliches und Unbestimmtes, da das Spektrum von der Beschaffenheit der Atmosphäre abhängt und da verschiedene Augen sehr verschieden ausgebildeten Farbensinn besitzen. Jetzt spricht man von den Fraunhofer'schen Linien A, B, C u. s. w. und charakterisirt damit eine für jedes Auge und für jeden Zustand der Atmosphäre sichtbare und gleichbleibende Strahlenart. Bestimmte man für diese Linien die Brechungsquotienten eines Prisma, so war damit der optische Charakter desselben festgestellt. Erst jetzt war es möglich, ein achromatisches Objektiv genau zu berechnen. Man bestimmte die Brechungsquotienten der Fraunhofer'schen Linien für die zwei Glassorten, die man für das Objektiv verwenden wollte, und suchte die Krümmungen der Linsen so zu wählen, daß möglichst viele der zugehörigen Strahlen in einem Brennpunkte sich vereinigten, während bei einer gewöhnlichen einfachen Linse der Brennpunkt für jede Farbe an anderer Stelle liegt. Fraunhofer'sche Fernröhren waren deswegen lange Zeit die besten in ihrer Art und noch heutzutage sind sie von Fachmännern gesucht.

Kirchhoff, der Vater der heutigen Spektralanalyse in ihrer Anwendung auf Himmelskörper, führte eine genaue Darstellung der Fraunhofer'schen Linien aus, konnte jedoch die Arbeit nicht vollenden, da seine Augen darunter litten. Der Rest ist von Hofmann ausgearbeitet. Angström hat sich das Verdienst erworben, mit äußerster Sorgfalt mehr als 2000 Linien im Spektrum festgestellt und zugleich ihre Wellenlängen bestimmt zu haben. Nicht als ob er von jeder einzelnen die Wellenlänge gemessen hätte, es geschah dies nur bei den Hauptlinien, aber aus der Lage der einzelnen Linien im Spektrum zwischen den gemessenen ließ sich leicht auch auf die ihnen zukommende Wellenlänge schließen. Die Zahlen, welche nach Kirchhoff's Skala auf die deutlichsten Fraunhofer'schen Linien fallen und die Zahlen, welche Angström für ihre Wellenlängen gefunden hat, ergeben sich aus folgender Tabelle:

	Kirchhoff.	Angström.
A	404,1	760,4
B	592,7	686,7
C	694,1	656,2
D	1004,8	589,2
E	1523,2	526,9

	Kirchhoff.	Angström.
F	2080,0	486,1
G	2854,4	430,7
H		396,8

Wenn man nun eine ganz beliebige Skala zur Bestimmung der Lage der hellen Linien bestimmter Spektren anwendet, so kann man die Angaben immer auf die Skala von Kirchhoff oder auf Wellenlängen reduciren, indem man die Fraunhofer'schen Linien nach der willkürlichen Skala bestimmt. Man sieht dann, welche Zahlen sich gegenseitig entsprechen. Am einfachsten geschieht dies, indem man auf einer Geraden eine beliebige Theilung aufträgt und ebenso auf einer dazu senkrechten Geraden. In der

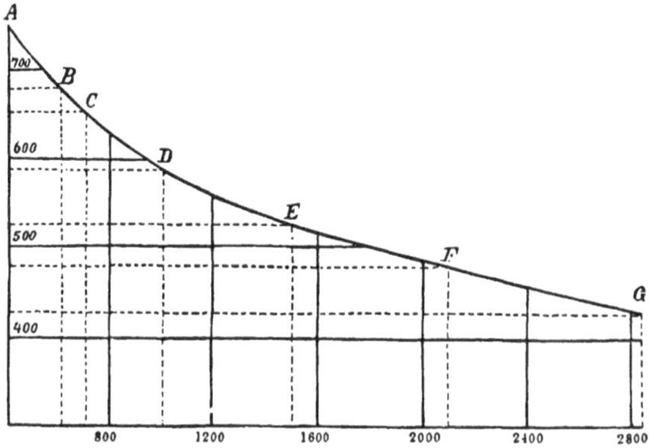

Fig. 12.

Figur 12 sollen die Zahlen 800, 1200 u. s. w. die Zahlen der Kirchhoff'schen Skala bedeuten, die Zahlen 400, 500 u. s. w. auf der dazu senkrechten Geraden Milliontel Millimeter. Von jeder Fraunhofer'schen Hauptlinie kennt man die entsprechenden Zahlen, man trägt sie auf beiden Linien auf, z. B. für D auf der Kirchhoff'schen Skala 1004, auf der Wellenlängenskala 589, zieht durch die so erhaltenen Punkte Parallelen zu beiden Linien (in der Figur gestrichelt) und bezeichnet den Punkt, wo sie sich schneiden, mit D. Thut man dasselbe mit den andern Hauptlinien, so erhält man eine Anzahl Punkte A, B, C . . . G, welche man durch eine stetige Kurve verbindet. Will man jetzt die Wellenlänge, die zur Kirchhoff'schen Zahl 1300 gehört so errichtet man in dem Punkte 1300 der Kirchhoff'schen Skala eine Senkrechte, bis sie die Kurve trifft, und durch den Schnittpunkt eine Parellelle zur Kirchhoff'schen Skala, bis sie die Skala der Wellenlängen trifft. Die dort abgelesene Zahl 543 gibt die zugehörige Wellenlänge. Will man genauere Resultate, so darf man nur die Zeichnung in größerem Maßstabe ausführen.

Selbstverständlich läßt sich dieses Verfahren auf jede Umwandlung aus einer Skala in eine andere anwenden.

6. Verschiedene Spektroskope.

Das oben beschriebene Spektroskop mit Prisma und Spalte genügt, um die Erscheinung der hellen Linien zu zeigen, und um unter Umständen ein schon einmal gesehenes Spektrum aus Zahl und Vertheilung der Linien wieder zu erkennen. Es genügt aber nicht, um die Lage neuer Linien festzustellen in Beziehung auf schon bekannte. Dazu ist nöthig, wie wir gesehen haben, eine feste Skala einzuführen, deren Werthe für die Fraunhofer'schen Linien bekannt sind. Das kann auf verschiedene Weise geschehen.

Ein von Desaga ausgeführtes Spektroskop (Fig. 13)

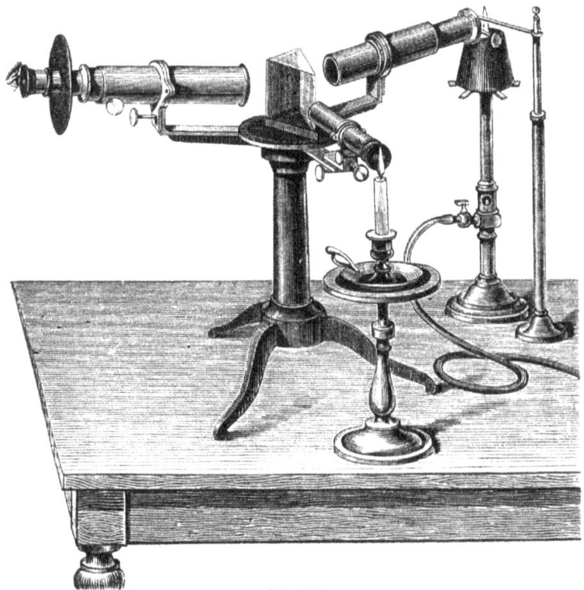

Fig. 13.

trägt auf einer vertikalen Säule ein festes Prisma in der Mitte einer Messingplatte, und drei seitliche Arme, die innerhalb bestimmter Grenzen drehbar sind. Der erste Arm trägt ein Fernrohr mit schwacher, etwa 8= bis 10=facher Vergrößerung, weniger um die Erscheinung zu vergrößern, als um der Gesichtslinie eine feste Richtung zu geben und die Aufnahme zweier Bilder zu gleicher Zeit durch das Auge möglich zu machen. Der zweite Arm trägt die Spalte, hinter welche die Lichtquelle gebracht wird, am äußern Ende einer Röhre, an deren dem Prisma zugekehrten Ende eine Sammellinse so angebracht ist, daß die Spalte in ihrer Brennweite steht. Die beleuchtete Spalte sendet Licht aus, ihr Bild durch das Prisma gesehen wird desto klarer und schärfer, je weniger die einzelnen Strahlen im Prisma verschiedene Ablenkungen erleiden. Da nun die Spalte in der Brennweite der Linse steht, so bewegen sich die von ihr ausgehenden Strahlen nach dem Durchgang durch die Linse unter sich parallel weiter*), treffen also alle das Prisma unter gleichen Winkeln und werden gleich abgelenkt, so daß die Bedingung eines scharfen Bildes erfüllt ist.

Die Drehbarkeit der Arme um die vertikale Säule macht es möglich, auch die kleinste Ablenkung einzustellen. Ist dies geschehen, so kann der dritte Arm, welcher außen die Mikrophotographie einer Skala, nach innen aber gegen das Prisma hin wieder eine Sammellinse trägt, in deren Brennweite die Skala sich befindet, so gestellt werden, daß die durch die Sammellinse parallel gemachten, von der Skala ausgehenden Strahlen auf die dem Fernrohr zugekehrte Prismenfläche fallen, dort zurückgeworfen werden und dann in das Fernrohr eintreten. Durch stärkere oder schwächere Beleuchtung der Skala kann man es dahin bringen, daß sie auf dem Grunde des Spektrums der Spalte deutlich erscheint, daß man also unmittelbar angeben kann, welchem Striche der Skala eine helle Linie entspricht. Wenn aber dies möglich ist, so kann man zu-

*) Pisko, Licht und Farbe, S. 117.

nächst die Lage der Fraunhofer'schen Linien nach der Skala bestimmen und dann jede beliebige Linie.

Diese Einrichtung hat den Nachtheil, daß das Bild der Skala das Spektrum stört, daß Einzelheiten dieses leicht verloren gehen können. Mildert man die Beleuchtung der Skala, so wird sie zu undeutlich, um die Lage der hellen Linien sicher angeben zu können. Jedenfalls hat man die Skala so einzurichten, daß sie nicht die ganze Höhe des Spektrums bedeckt, sondern nur einen Theil.

Eine andere Einrichtung zur Vergleichung verschiedener Spektra besteht darin, daß vor der Spalte ein kleines gleichseitiges Prisma von Glas angebracht wird, welches als Spiegel dient (siehe Figur 7. S. 37), um außer dem direkt einfallenden Licht des zu beobachtenden leuchtenden Körpers auch das eines andern in das Fernrohr zu bringen. So sieht man zwei Spektren über einander und kann unmittelbar vergleichen, welche Linien zusammenfallen oder welche Lage einzelne Linien des einen Spektrums zu denen des andern haben. Diese Methode wird besonders dann anzuwenden sein, wenn es sich darum handelt, zu erfahren, ob Linien eines Spektrums genau mit Linien eines andern zusammenfallen.

Die Spektroskope mit einem einzigen Prisma haben das Unbequeme, daß die in das Auge gelangenden Strahlen eine ganz andere Richtung haben, als die vom leuchtenden Körper zum Auge ohne Prisma gehenden, und den Mangel, daß ihre Zerstreuung nicht groß genug ist, so daß sie in allen den Fällen nicht ausreichen, wenn es sich um Linien handelt, die sehr nahe an einander liegen und noch getrennt erscheinen sollen.

Dem ersten Uebelstand hilft man durch besondere Prismencombinationen ab. Wir haben schon oben angegeben, daß, um einen Gegenstand durch ein Prisma zu sehen, es nöthig ist, nicht gegen den Gegenstand hin zu sehen, sondern seitwärts nach der Seite der brechenden Kante. Immerhin ist damit dem Beobachter eine Aufgabe gestellt, zu deren Lösung einige Uebung nöthig ist. Der Laie, der zum erstenmal durch ein Prisma nach einem gegebenen Gegenstand sehen soll, wird das für sehr schwierig halten. Es gibt aber auch Fälle, wo es dem Geübten schwer wird, den Gegenstand zu finden, insbesondere wenn derselbe nur kurz aufleuchtet. Wenn eine beleuchtete Fläche sehr groß ist, so ist kaum möglich ohne eigentliche Messung den Theil der Fläche anzugeben, welcher jedesmal bei bestimmter Stellung des Prisma gesehen wird. Nehmen wir an, es soll eine Sternschnuppe oder gar ein Blitz spektroskopisch betrachtet werden, so würde die Orientirung soviel Zeit erfordern, daß eine Beobachtung unmöglich würde, weil die kurz dauernde Erscheinung vorüber wäre, wenn das Instrument endlich die richtige Lage hätte; oder würde etwa ein Nordlicht beobachtet, so würde es schwer sein, anzugeben, welche Strahlen, welche Farben desselben ihr Spektrum in das Spektroskop abgeben.

Das menschliche Auge ist ungemein empfindlich für eine gerade Richtung, es ist schon von Jugend auf gewöhnt, den zu fixirenden Gegenstand so zu betrachten, daß die Augenachsen gegen ihn gerichtet sind. Es wird also auch Bedürfniß sein, ein Spektroskop zu construiren, welches man, wie ein Fernrohr, gerade hin gegen den Gegenstand zu richten hat. Dabei wird außerdem das ganze

Instrument insofern einfacher, als Spalte, Prisma und Fernrohr in gerader Linie liegen, also in eine einzige Röhre eingeschlossen werden können, wie die Gläser eines Fernrohres; der Apparat wird deswegen viel handlicher, man erhält ein Taschenspektroskop. Das letzte ist um so nöthiger, da man meist von Sternschnuppen, Nordlichtern, Blitzen u. s. w. überrascht wird, also keine Zeit hat, einen complicirten Apparat herzurichten, auch genöthigt ist, in kurzen Perioden nach einander nach sehr verschiedenen Richtungen auszusehen.

Die Aufgabe ist somit, eine Prismencombination zu construiren, welche die Lichtstrahlen nicht ablenkt, aber stark zerstreut, somit das Gegentheil von einem achromatischen Prisma oder einer achromatischen Linse, welche stark ablenken, aber nicht zerstreuen sollen. Dieser Zweck wird wie im letzten Fall dadurch erreicht, daß man Linsen von verschiedenen Glassorten, von stärker und schwächer zerstreuenden, von Flintglas und Crownglas, verwendet.

Zur Lösung dieser Aufgabe knüpfen wir an die frühere Construktion der durch ein Prisma gehenden Strahlen an (siehe Fig. 6, S. 28); sie läßt sich leicht auf eine beliebige Zahl von Prismen ausdehnen, und zwar in sehr einfacher Weise, wenn man nur Prismen von zwei verschiedenen Glasarten benützt, wie das in Wirklichkeit bei den Prismen mit gerader Durchsicht stets der Fall ist, und wenn man diese Prismen abwechselnd stellt, eins von Flint- eins von Crownglas u. s. w., was selbstverständlich ist, da zwei gleiche Prismen nach einander wie ein einziges wirken, dessen brechender Winkel gleich der Summe der brechenden Winkel beider andern ist.

Betrachten wir z. B. das dreifache Prisma (Fig. 14.). Der ganz ausgezogene Strahl entspreche dem rothen Licht. Das mittlere Prisma besteht aus Flintglas, die beiden äußern aus Crownglas, der Einfachheit wegen sind die zwei äußern Crownglasprismen gleich angenommen. Um die Bewegung des einfallenden Strahls ab zu verfolgen, beschreibe man um den beliebig angenommenen Punkt o einen Kreis mit beliebigem Halbmesser, einen zweiten mit einem im Verhältniß des Brechungsquotienten des Crownglases größern Halbmesser und einen dritten mit einem im Verhältniß des Flintglases größeren Halbmesser. Da der Brechungsquotient nichts anderes ist, als das Verhältniß der Geschwindigkeiten des Lichts in beiden Mitteln,

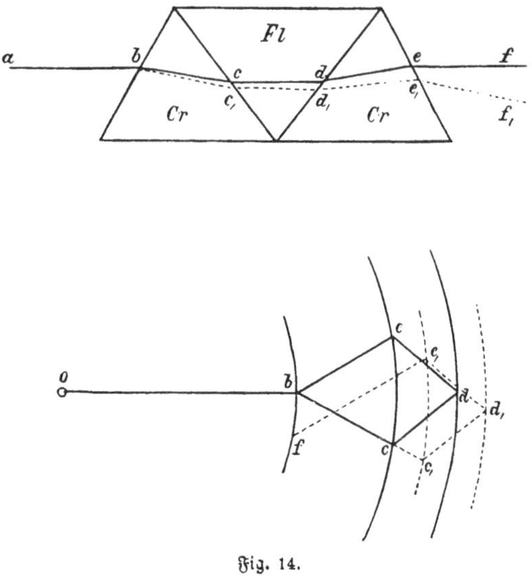

Fig. 14.

so ist auch das Verhältniß der Halbmesser der zwei letzten Kreise der Brechungsquotient aus Flintglas in Crownglas. Man ziehe einen Halbmesser o b des kleinsten Kreises parallel mit dem einfallenden Strahl, durch b eine zur Grenzfläche von Luft und Crownglas Senkrechte bis zum Schnitt c mit dem Crownglaskreis, durch c eine Senkrechte zur Grenzfläche von Crownglas und Flintglas bis zum Schnitt d mit dem Flintglaskreis, durch d wieder eine Senkrechte zur Grenzfläche von Flint- und Crownglas bis zum Schnitt e mit dem Crownglaskreis, und endlich durch e 'eine Senkrechte zur Grenzfläche von Crownglas und Luft bis zum Luftkreis. In der Fig. 14 kehrt dieser Linienzug wieder nach b zurück. Jetzt ist o b die Richtung des einfallenden Strahls, oc des Strahls in Crownglas, o d in Flintglas, o e im zweiten Crownglas und o b nach dem Austritt aus dem Prisma.

Zieht man nun einen zweiten Crownglaskreis für violettes Licht und ebenso einen zweiten Flintglaskreis für dieses Licht, so erhält man einen andern Linienzug, weil die neuen Kreise an Stelle der alten treten, nämlich den Zug b c, d, e, f und dem entsprechend im Prisma andere Strahlenrichtungen a b c, d, e, f, und damit unmittelbar die Wirkung der Dispersion.

Nicht blos die Strahlenrichtung für ein gegebenes Prisma gibt die einfache Zeichnung, sondern auch die Form der Endprismen, wenn das mittlere gegeben ist. Macht man die Endprismen gleich, so muß ein Strahl, der durch das ganze Prisma ohne Ablenkung geht, offenbar auch durch das mittlere in ursprünglicher Richtung gehen, weil die Ablenkung nach rechts und links bis zum

Austritt gleich sein muß. Man gehe sonach vom mittlern Prisma aus, ziehe einen Halbmesser des Flintkreises, wenn das Prisma eines aus Flintglas ist, dann die Senkrechte zur Grenzfläche mit Crown und von da aus eine Gerade zum Schnittpunkt jenes Halbmessers mit dem Luftkreis; diese Gerade ist senkrecht zur Grenzfläche zwischen Crown und Luft, wenn der austretende Strahl parallel dem im Flintprisma sein soll. Damit ist also die Lage der Endfläche bestimmt. Mit ebenso großer Leichtigkeit läßt sich ein Strahl in einem fünftheiligen Prisma verfolgen und die Lage der Endfläche bestimmen.

Browning in London und Hofmann in Paris haben fünffache Prismen mit gerader Durchsicht benützt, um Miniaturspektroskope herzustellen, welche für Beobachtung von Blitzen, Sternschnuppen, Nordlichtern u. s. w. alles Wünschenswerthe leisten. In einer 8 Centimeter langen Röhre (Fig. 15. und 16.) ist zunächst die Spalte S, hierauf eine Sammellinse C, dann das Prisma P enthalten, die Seite gegen das Auge und die Spalte ist durch ein planparalleles Glas vor Eindringen von Staub geschützt. Linse und Prisma ist in besonderer Röhre verschiebbar gegen die Spalte. Jedes Auge hat die Stellung der Linse so zu richten, daß die Spalte in deutlicher Sehweite erscheint. Da die Linse 6 Centimeter Brennweite hat und bei ganz eingeschobenem Rohr in der Mitte des Instruments liegt, so paßt in dieser Lage das Instrument für einen Kurzsichtigen mit 10 Centimeter Brennweite. Schiebt man das bewegliche Rohr um 2 Centimeter heraus, so entspricht dies einer unendlich großen Sehweite.

Innerhalb dieser Grenzen kann also jedes Auge das Instrument benützen.

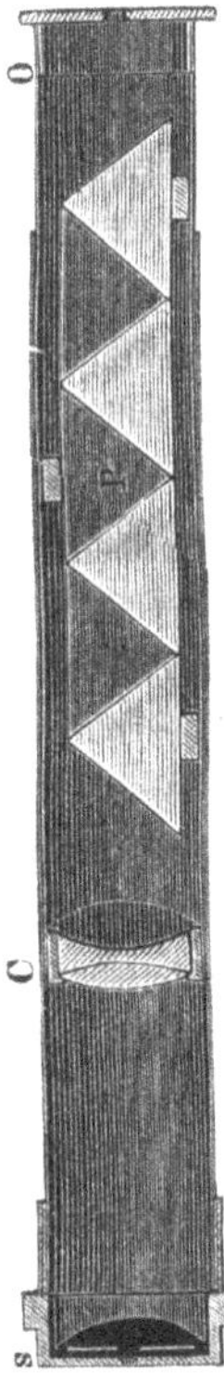

Fig. 15.

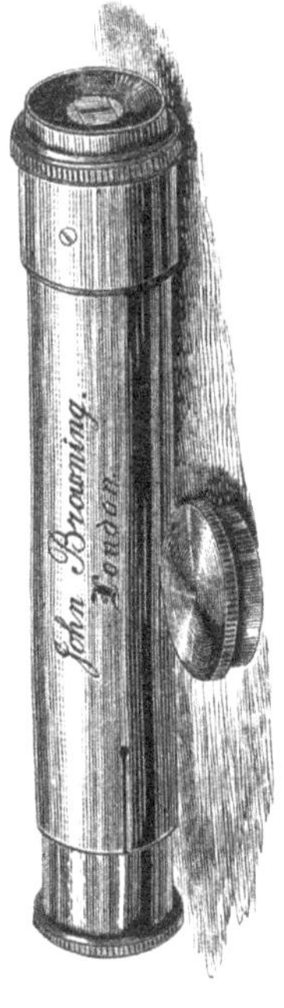

Fig. 16.

Ein größeres, etwa doppelt so langes, Taschenspektroskop von Hofmann hat ganz die Einrichtung eines vollständigen Spektroskops: die Spalte, eine Sammellinse in einer Entfernung von derselben gleich ihrer Brennweite, dann ein fünffaches Prisma mit gerader Durchsicht und schließlich ein kleines galiläisches Fernrohr.

Als einen zweiten Uebelstand der einfachen Prisma haben wir oben erkannt, daß sie das Licht für viele Zwecke, insbesondere, wenn es sich um Linien handelt, die sehr nahe neben einander liegen, nicht stark genug zerstreuen. Man hilft diesem Uebelstand ab, indem man die durch ein Prisma zerstreuten Strahlen durch ein zweites noch mehr zerstreut, dann durch ein drittes u. s. w.

So hat Kirchhoff seine Epoche machende Untersuchung des Sonnenspektrums mit vier Prismen ausgeführt, alle von Flintglas, die drei ersten, durch die das Licht eintritt, mit brechenden Winkeln von 45°, das vierte von 60°. Die Stellung dieser Prismen ergibt sich daraus, daß durch jedes die Strahlen mit kleinster Ablenkung gehen

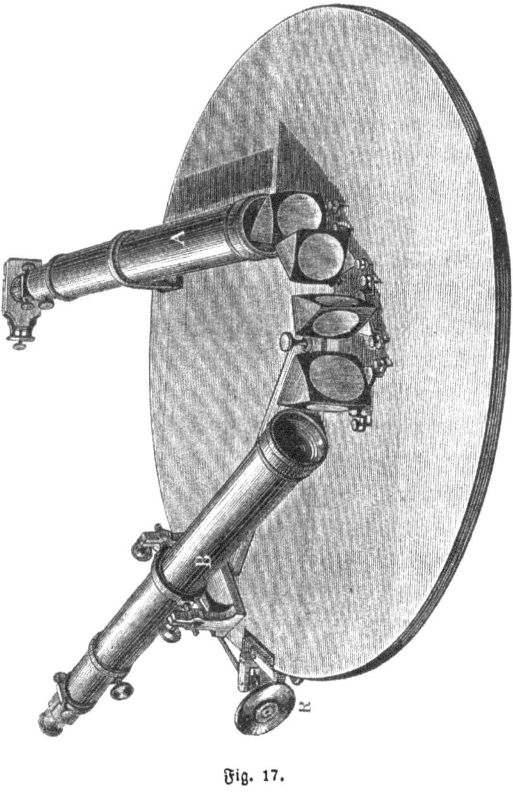

Fig. 17.

müssen und daß jedes alle von den andern kommenden Strahlen aufnimmt. Zu diesem Zweck mußten die brechenden Flächen Dimensionen von gehöriger Größe haben, sie wurden als Kreise von 40 Millimeter Durchmesser angeschliffen. Ihre Aufstellung ergibt sich aus der Figur 17: sie waren nahe in der Mitte einer Metallplatte angebracht, das Rohr mit der Spalte fest, die einzelnen Prismen und das Beobachtungsfernrohr verstellbar, das letzte um eine zu der Metallscheibe senkrechte, durch ihre Mitte gehende Axe drehbar. Feinere Drehungen konnten mit einer Mikrometerschraube ausgeführt werden; diese Schraube diente dazu, die Distanzen der einzelnen Linien festzustellen, sie gab also die Grundlage zu der Kirchhoff'schen Skala.

Angström stellte sich die Aufgabe, das Sonnenspektrum nach Wellenlängen aufzuzeichnen, er bestimmte von nahezu 1000 Linien die Wellenlänge vermittelst Gitter von Nobert mit 4500 und 2700 Diamantstrichen auf neun pariser Linien in Glas. Die übrigen Linien bestimmte er, ohne ihre Wellenlänge direkt zu messen, nach ihrer Lage zu den gemessenen. Er benützte also zu der ganzen Arbeit gar kein Prisma. Bei sehr intensivem Lichte ist dies möglich, bei schwächerem werden die Linien zu unbestimmt.

Auf Grund dieser Arbeit von Angström konnte dann Thalen seine Beobachtungen der Metallspektra einregistriren. Er benützte Schwefelkohlenstoff- und Flintglasprismen mit brechenden Winkeln von 60 Grad. Bei großer Intensität des Lichts wurden bis zu sechs jener Prismen benützt, bei geringer ein einziges Flintglasprisma. Die Einregistrirung erfolgte, indem gleichzeitig das Metallspektrum und das Sonnenspektrum durch das Fernrohr beobachtet wurde.

Außer den Spektroskopen mit größerer Anzahl von Prismen und dem Gitterspektroskop, das Angström verwandte, bleibt uns noch eine besondere Art Spektroskop zu betrachten übrig, nämlich das Sternspektroskop zur Beobachtung der Spektra von Fixsternen, Planeten, Nebeln, Kometen u. s. w. Das eigenthümliche bei diesen Beobachtungen ist, daß der Gegenstand nicht fest ist, sondern mit dem Himmelsgewölbe scheinbar sich dreht. Eine ruhige Beobachtung ist nur möglich, wenn das Spektroskop dem sich bewegenden Gegenstand folgt, so daß dessen Bild scheinbar in Ruhe ist. Das Spektroskop wird also am einfachsten mit einem astronomischen Fernrohr verbunden, das durch ein Uhrwerk die nöthige Bewegung erhält, wie die großen Refraktoren und Reflektoren der Sternwarten. Da es keinem Anstand unterliegt, von einem solchen Teleskop das Ocular wegzunehmen, durch welches man für gewöhnlich das durch das Objektiv hervorgebrachte Bild betrachtet, und an seine Stelle ein Spektroskop zu setzen, so ist das letzte meist ein besonderer Theil eines sonst zu astronomischen Zwecken verwendeten Instruments.

Eine eigenthümliche Schwierigkeit der Beobachtung liegt noch darin, daß das Bild eines Fixsterns als Punkt erscheint; das Spektrum ist somit eine farbige Linie, die im allgemeinen durch dunkle Stellen unterbrochen ist, weil der Stern nicht Strahlen aller Art aussenden wird. Wenn, wie das bei der Sonne der Fall ist, einzelne Strahlenarten fehlen, so würde die farbige Linie durch einzelne dunkle Punkte unterbrochen sein. Bei der Lichtschwäche der Linien wären aber diese dunkeln Punkte wohl kaum zu erkennen. Man sucht sich daher hier, wie bei den andern Spektren, ein farbiges Band statt der farbigen Linie zu verschaffen und benützt dazu eine sogenannte Cylinderlinse.

Die gewöhnliche Linse zu optischen Zwecken ist bekanntlich von Kugelflächen begränzt, sie gibt deswegen, da ringsum alles symmetrisch ist, Bilder, die nach allen Seiten in gleichem Maße vergrößert oder verkleinert sind, d. h. dem Gegenstand selbst ähnliche Bilder. Die cylindrische Linse ist durch zwei Cylinderflächen oder eine Cylinder- und eine ebene Fläche begränzt, bei ihr findet also Krümmung und daher Ablenkung der Lichtstrahlen nur in einer Richtung, senkrecht dazu gar nicht statt; man erhält somit ein verzerrtes Bild, die vertikalen Dimensionen sind z. B. unverändert, während die horizontalen vergrößert oder verkleinert sind. Das Bild eines Punktes läßt sich so in das einer kleinen geraden Linie verwandeln. Betrachtet man nun diese gerade Linie mit dem Spektroskop, so erhält man das Spektrum in der gewöhnlichen Form als farbiges Band. Es ist nicht einmal eine Spalte nöthig, da diese, wie wir früher sahen, nur dazu dient, von einer Lichtquelle eine schmale Linie abzusondern. In unserm Fall ist die Lichtquelle von selbst schon eine schmale Linie. Gleichwohl bringt man an dem Apparat gewöhnlich eine Spalte an, damit man ihn auch für ausgedehntere Objekte benützen und insbesondere, damit man durch ein reflektirendes kleines Prisma von der Seite das Licht einer andern Lichtquelle einführen und dessen Spektrum mit dem des Sterns oder Planeten u. s. w. vergleichen kann. Da die Cylinderlinse nur für das Auge die Beobachtung erleichtern soll, so ist es am einfachsten, sie dicht vor demselben, also am Okular des Spektralapparates anzubringen.

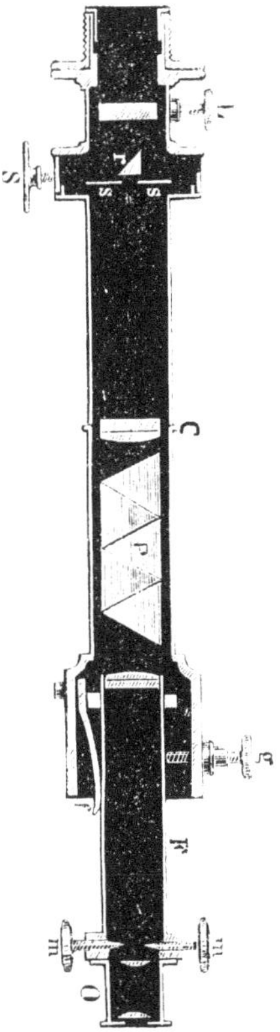

Fig. 18.

Die übrige Einrichtung ist nun dieselbe, wie bei den andern Spektroskopen, die Linse in der Entfernung ihrer Brennweite von der Spalte, um die Lichtstrahlen parallel zu machen, das Prisma oder die Prismencombination, und dann das Beobachtungsfernrohr. Handelt es sich nicht um große Zerstreuung, so wird man am bequemsten ein Prisma mit gerader Durchsicht wählen, wie es z. B. S. Merz in München herstellt (Fig. 18.). Zu Sonnenbeobachtungen wird man eine ganze Reihe von Prismen anwenden. Um auf das zu beobachtende Objekt bequem einstellen zu können, ist neben dem Fernrohr, fest mit ihm verbunden, ein kleineres Fernrohr, der sogenannte Sucher, befestigt. Wenn in ihm der Gegenstand im Kreuzungspunkte der Fäden erscheint, so sieht man im Spektroskop das Spektrum desselben Gegenstandes. Da der Sucher ein großes Gesichtsfeld hat, so läßt sich in ihm der Gegenstand leicht auffinden.

7. Absorptionsspektra.

Als einfachste Spektra haben wir diejenigen erkannt, welche uns eine helle Linie zeigen, sie stammen von Lichtquellen her, welche nur *eine* Art Lichtschwingungen aussenden. Glühende Gase und Dämpfe geben meist eine Anzahl heller Linien, also mehrere Arten Lichtschwingungen. Starre und flüssige Körper strahlen, wenn sie glühen, alle möglichen sichtbaren Lichtarten aus, sie zeigen ein continuirliches Spektrum. Das Sonnenspektrum dagegen zeigt dunkle Linien auf hellem Grunde. Eigentlich ist dies keine besondere Art von Spektrum, es fehlen eben die Lichtarten, welche den dunkeln Linien entsprechen, während alle andern da sind, es ist der Uebergang von dem Spektrum mit wenig hellen Linien zu den continuirlichen. Aber der Gedanke drängt sich doch auf, daß dann eigentlich sehr viele helle Linien mit vielen dunkeln Zwischenräumen da sein sollten (wenn man das Wort Zwischenraum für eine breitere Fläche braucht, das Wort Linie für eine ganz schmale) und nicht viele dunkle Linien mit hellen Zwischenräumen. Dazu kommt die Frage, woher es rührt, daß das Sonnenlicht nicht alle Lichtarten enthält, wie unsere irdischen Lichter. Es ist also ein Zweifel wohl berechtigt, ob das Sonnenspektrum ein Uebergang vom Gasspektrum zu den Spektren der glühenden starren und flüssigen Körper ist. Wir müßten dann die Sonne als einen Gasball betrachten, der die verschiedensten Gase enthält, aber starr oder flüssig könnte sie nicht sein, sonst hätte sie ein continuirliches Spektrum.

Fraunhofer schon hatte erkannt, daß die helle Linie des Natrium im Sonnenspektrum und in einzelnen Fixsternspektren als dunkle auftritt, d. h. daß genau an derselben Stelle, wo beim Natriumspektrum die helle Linie oder eigentlich zwei helle Linien liegen, bei den andern dunkle sich zeigen. Foucault hatte bei Versuchen mit dem elektrischen Licht gefunden, daß in dem Spektrum der weißglühenden Kohlen, welches ein continuirliches ist, eine dunkle Linie auftritt, wenn das Kohlenlicht durch den von Natrium gelb gefärbten Lichtbogen zwischen beiden Kohlen geht, und daß diese dunkle Linie da auftritt, wo das Natrium für sich eine helle Linie zeigt. Dieser Versuch, den weder Foucault noch ein anderer Physiker vor Kirchhoff zu deuten oder zu erweitern gesucht hat, läßt sich sehr leicht anstellen. Die untere Kohle des Kohlenlichtregulators wird schief abgeschnitten, so daß die schiefe Fläche gegen die Seite liegt, nach welcher das Licht aus dem Kasten austritt. In den untern Theil dieser schiefen Fläche wird ein kleines Loch gebohrt und mit einem Natriumsalz gefüllt. Wird nun die obere Kohle der untern bis zur Berührung genähert und somit der Strom geschlossen, welcher das Kohlenlicht geben soll, so kommen die Kohlen zum Glühen, das Natronsalz verdampft und da der Dampf die Electricität einigermaßen leitet, entsteht bei kleiner Entfernung der Kohlen (bis zu einem Centimeter bei starker Batterie) ein gelber Lichtbogen. Ist dieser gehörig entwickelt, so sieht man in dem an die Wand geworfenen Spektrum die helle Natriumlinie, und vielleicht oben und unten ein continuirliches Spektrumband, herrührend von den weißglühenden Theilen der obern und untern Kohle.

Sowie man aber die obere Kohle nur wenig rückwärts schiebt, vereinigen sich die zwei continuirlichen Bänder oben und unten zu einem einzigen und auf ihm tritt die Natriumlinie dunkel auf. Man hat jetzt das continuirliche Spektrum der weißglühenden Kohlen und vor ihm den Lichtbogen von Natrium.

Die ersten Versuche von Kirchhoff, um diese Erscheinung zu erklären, und damit der Anfang zur Spektralanalyse als Wissenschaft, wurden im Jahr 1859 gemacht. Er fand, daß eine Bunsen'sche Flamme die helle Natriumlinie ungemein deutlich zeigte, wenn man ganz schwaches Sonnenlicht durch sie gehen und in ihr ein Natriumsalz verdampfen ließ. Wurde das Sonnenlicht verstärkt und voll durchgelassen, so erschien die Natriumlinie sehr stark und dunkel. Also dieselbe Beobachtung wie oben, nur mit dem Unterschied, daß das Sonnenlicht schon vorher im Spektrum eine dunkle Linie hat, wo das Natrium eine helle zeigt, und daß diese verstärkt wird, während oben sie erst neu entsteht, da das eigene Licht der weißglühenden Kohlen continuirlich ist.

„Diese Erscheinungen," sagt Kirchhoff, „finden eine leichte Erklärung in der Annahme, daß die Natriumflamme eine Absorption ausübt auf die Strahlen von der Brechbarkeit derer, die sie selbst aussendet, für alle andern aber ganz durchsichtig ist. Diese Annahme liegt um so näher, als eine ähnliche auswählende Absorption bei gewissen Dämpfen, z. B. bei salpetriger Säure und Joddampf, in niederen Temperaturen seit lange bemerkt ist; daß sie jene Erscheinung erklärt, zeigt die folgende Ueberlegung. Wenn man vor den glühenden Platindraht, dessen Spektrum betrachtet wird, eine Natriumflamme bringt, so ändert nach der bezeichneten Annahme sich die Helligkeit *nicht* in der Nähe der Natriumlinien; in diesen selbst ändert sie sich aus doppeltem Grunde; die Intensität des Lichts, das von dem Platindraht ausgegangen ist, wird hier durch die Absorption der Flamme auf einen gewissen Bruchtheil ihres ursprünglichen Werths reducirt, und das Licht der Flamme selbst wird hinzugebracht. Es ist klar, daß, wenn der Platindraht nur stark genug leuchtet, der durch die Absorption der Flamme bewirkte Verlust an Licht überwiegen muß über den durch die Leuchtkraft derselben hervorgebrachten Gewinn; die Natriumlinien müssen dann dunkler als ihre Umgebung sich zeigen, und sie können, wenn die Absorption stark genug ist, durch den Contrast mit der Umgebung ganz schwarz erschienen, trotz dem, daß ihre Lichtstärke nothwendig noch größer ist, als diejenige, die die Natriumflamme für sich allein hervorbringt."

Betrachten wir die Sache vom Standpunkt der Undulationstheorie: von dem glühenden Platindraht gehen Lichtschwingungen aus von bestimmter Intensität, von desto größerer, je höher seine Temperatur ist. Die Intensität wird gemessen durch die lebendige Kraft der Aethertheilchen welche in Bewegung sind, d. h. durch die Summe aller Produkte, welche man erhält, wenn man die Masse jedes Aethertheilchens mit dem Quadrate seiner Geschwindigkeit bei seiner Schwingung multiplicirt. Die Intensität kann zunehmen, weil mehr Aethertheilchen in die Schwingungen hineingerissen werden oder weil die Geschwindigkeiten der Aethertheilchen zunehmen, oder aus beiden Ursachen zugleich. Von all den Schwingungen, welche von dem glühenden

Platindraht ausgehen, betrachten wir nur diejenigen, welche die Spalte treffen, die das Erscheinen des Spektrums vermittelt. Sie geben ein continuirliches Spektrum von bestimmter Intensität. Wird nun die Natriumflamme zwischen Platindraht und Spalte gesetzt, und wirkt sie in keiner Weise auf das Licht des Platindrahts, läßt also alles Licht desselben ungehindert durch, so ist das Resultat, daß die Stelle der Natriumlinie im Spektrum heller erscheint, weil zu dem Licht des Platindraths das der Natriumflamme hinzukommt. Allein die Natriumflamme läßt das Licht des glühenden Platindrahts nicht ohne Weiteres durch. Es ist eine allgemeine Thatsache, daß Licht, welches aus einem Mittel in ein anderes tritt, z. B. aus Luft in Glas, nur zum Theil in dasselbe übergeht, ein Theil wird zurückgeworfen, und auch von dem übergehenden geht nicht alles durch, um wieder in das ursprüngliche Mittel zurückzukehren, sondern es wird wieder ein Theil absorbirt, d. h. von dem zweiten Mittel aufgehalten, verschwindet als Licht, und erscheint dann als Wärme, Bewegung, Electricität u. s. w.

Ebenso wird von denjenigen Strahlen, welche vom Platindraht aus der Spalte zugehen, ein Theil von der Natriumflamme zurückgeworfen, ein Theil absorbirt und nur der Rest gelangt wirklich an die Spalte. Das Spektrum verliert an Intensität. Was zurückgeworfen wird, läßt sich vernachlässigen, Hauptsache ist, was absorbirt wird. Daß nun jede Flamme nur solche Schwingungen absorbirt, welche ihr selbst zukommen, daß sie dieselbe Farbe dem durchgehenden Licht entzieht, welche sie selbst ausstrahlt, während alle Lichtarten mit andern Schwingungsdauern ungeschwächt durchgehen, erklären wir uns vom Standpunkt der Lichtschwingungen mit Hilfe einer Erscheinung, der man in der Akustik den Namen des „Mitschwingens" gegeben hat.*) Wenn in der Nähe eines Klaviers ein Ton erklingt, so tönt die Saite des Klaviers mit, welche denselben Ton gibt. Hört jener auf, so kann man den zweiten nachtönen hören. Selbstverständlich muß der Dämpfer des Klaviers bei dem Versuch gehoben werden, damit jede Saite, die angesprochen wird, auch tönen kann. Ebenso werden von Schwingungen, welche vom Platindraht ankommen, nur diejenigen eine erhöhte Bewegung in der Natriumflamme hervorbringen, welche mit dieser gleiche Schwingungsdauer haben. Alle andern gehen, ohne Einfluß auf die Natriumflamme auszuüben und ohne von ihr beeinflußt zu werden, durch dieselbe hindurch. Von den gleich dauernden Schwingungen aber wird nur ein Theil durchgelassen, der Rest absorbirt, d. h. sie geben ihre lebendige Kraft ab an die Aethertheilchen, welche in der Natriumflamme schwingen, vermehren also deren lebendige Kraft und damit die Intensität der Natriumflamme. Diese größere Intensität kommt aber nicht dem Spektrum, im besonderen der Natriumlinie, zu, weil die Schwingungen nach allen Seiten hin sich fortpflanzen, so daß nur ein kleiner Theil durch die Spalte geht.

Welches Resultat die Absorption haben wird, ob der Verlust an Licht, das vom glühenden Platin kommt, überwiegt oder zurückbleibt gegen das Licht, welches die Natriumflamme dem Spektrum zuführt, das wird wesentlich von der Stärke der Absorption abhängen.

---

*) Siehe Radau, Lehre vom Schall. Naturkräfte I. p. 197.

Kirchhoff hat hierüber das Gesetz aufgestellt*): Für Strahlen gleicher Schwingungsdauer ist das Verhältniß der Emission und Absorption bei gleicher Temperatur immer dasselbe, gleichgiltig, welcher Körper die Strahlen aussendet. Er hat dieses Gesetz durch theoretische Betrachtungen abgeleitet und eine Anzahl Folgerungen daraus gezogen, von denen später noch die Rede sein wird. Für jetzt benützen wir es, um beurtheilen zu können, ob die Natriumlinie hell oder dunkel erscheint. Wählen wir ein Beispiel. Die Intensität der Lichtquelle sei durch die Zahl 4 bezeichnet, die der Natriumflamme durch 1 und die Absorption betrage $^1/_4$. Somit würde das Spektrum rechts und links von den Natriumlinien die Intensität 4 haben, an der Stelle der Natriumlinien selbst nur 3, da $^1/_4$ absorbirt wird. Zu dieser Intensität kommt noch die der Natriumflamme, also 1 und somit wäre die Gesammtintensität wieder 4, d. h. das Spektrum ändert sich nicht. Aendern wir nun die Intensität der Lichtquelle, sie sei 8, absorbirt wird $^1/_4$ also 2, bleibt 6, dazu die Intensität der Natriumflamme gibt 7, d. h. die Stelle der Natriumlinien ist schwächer beleuchtet, als ihre Umgebung, sie erscheinen verhältnißmäßig dunkel. In der folgenden Tafel sind verschiedene Fälle zusammengestellt:

---

*) Schon Euler hat diesen Satz ausgesprochen und er heißt darnach auch das Euler'sche Gesetz. Bewiesen und zur allgemeinen Anerkennung gebracht hat ihn erst Kirchhoff.

Intensität der Lichtquelle	Davon wird $^1/_4$ absorbirt	Bleibt	Dazu kommt die Intensität der Natriumflamme	Resultat für die Natriumlinien
1	$^1/_4$	$^3/_4$	$1^3/_4$	hell
2	$^1/_2$	$1^1/_2$	$2^1/_2$	hell
4	1	3	4	gleich m. d. Umgebung
8	2	6	7	dunkel
16	4	12	13	dunkel.

Man sieht, bei Zunahme der Intensität der Lichtquelle wird die Natriumlinie dunkler, bei Abnahme heller. Darum sagt Kirchhoff weiter:

„Die Absorption des Natriumdampfes wird um so leichter wahrnehmbar sein, je geringer seine Leuchtkraft, d. h. je niedriger seine Temperatur ist. In der That gelang es nicht, auf dem Spektrum eines glühenden Platindrahts oder des Drummond'schen Lichts die dunkeln Natriumlinien durch die Leuchtgasflamme hervorzurufen, in welche Kochsalz gebracht war; aber es gelang mit der Flamme von wässrigem Alkohol, der Kochsalz enthielt.“ „Eben so leicht, als die hellen Natriumlinien umgekehrt, d. h. in dunkle verwandelt werden können, ebenso leicht kann die rothe Lithiumlinie umgekehrt werden. Läßt man durch eine Lithiumflamme Sonnenstrahlen treten, so zeigt sich im Spektrum am Orte der Lithiumlinie eine schwarze Linie, die an Deutlichkeit mit den ausgezeichnetsten Fraunhofer'schen Linien wetteifert und verschwindet, wenn die Flamme entfernt wird.“ „Nach diesen Thatsachen ist nicht zu zweifeln, daß das Spektrum eines jeden glühenden Gases umgekehrt werden muß, wenn durch dasselbe Strahlen einer Lichtquelle treten, die hinreichend hell ist und an sich ein continuirliches Spektrum gibt."

Es ergab sich nun weiter, daß etwa 60 Eisenlinien mit dunkeln Linien des Sonnenspektrums zusammenfallen; die Wahrscheinlichkeit, daß dieses Zusammenfallen Zufall sei, ist ungemein klein; man kann nach Kirchhoff eine Trillion gegen Eins wetten, daß hier kein Zufall im Spiele ist. Wir müssen vielmehr annehmen, daß das Licht der Sonne durch Eisendämpfe gehen muß, ehe es in unser Auge gelangt. Da die Atmosphäre der Erde keine solche Dämpfe enthalten kann, weil ihre Temperatur zu niedrig ist, so bleibt nur übrig, anzunehmen, daß die Atmosphäre der Sonne Eisendämpfe enthält. Das Sonnenspektrum ist sonach ein Absorptionsspektrum, d. h. die Sonne selbst sendet alle Lichtarten aus, sie ist als glühender starrer oder flüssiger Körper zu betrachten. Wenn aber ihr Licht durch eine Atmosphäre verschiedener Dämpfe geht, so wird in dieser das Licht dieser Dämpfe absorbirt und auf dem continuirlichen Spektrum erscheinen dunkle Linien an der Stelle, wo die Dämpfe für sich helle Linien erzeugen. Eine möglichst genaue Registrirung der Fraunhofer'schen Linien uud der hellen Linien der verschiedenen Metalldämpfe wird sonach Aufschluß geben über die Stoffe, welche in der Sonnenatmosphäre enthalten sind.

Von Interesse wird es sein, hier noch einige Folgerungen anzureihen, die Kirchhoff aus seinem Gesetze über das Verhältniß der Emission und Absorption gezogen hat. Wenn ein Metalldraht allmählig erwärmt wird, so wissen wir, daß Strahlen von der Schwingungsdauer der rothen zuerst auftreten, dann Strahlen von kürzern Schwingungsdauern, während die Intensität der vorigen zunimmt, bis schließlich alle möglichen Schwingungsdauern vertreten sind und damit das Weißglühen eintritt. Das Verhältniß von Emission und Absorption ist sonach für Licht von gegebener Schwingungsdauer zuerst Null — der erwärmte Draht ist dunkel — dann hört es bei einer bestimmten Temperatur auf, Null zu sein, und nimmt von da an mit der Temperatur zu. Da nun für gleiche Schwingungsdauer der Satz für alle Körper in gleicher Weise Geltung hat, so folgt, daß alle Körper, wenn ihre Temperatur allmählig erhöht wird, bei derselben Temperatur Strahlen von derselben Wellenlänge auszusenden beginnen, also bei derselben Temperatur roth zu glühen, bei einer höheren, allen gemeinsamen Temperatur gelbe Strahlen u. s. w. auszugeben anfangen. Die Intensität der Strahlen von bestimmter Schwingungsdauer, welche verschiedene Körper bei derselben Temperatur ausschicken, kann eine sehr verschiedene sein; sie ist proportional mit dem Absorptionsvermögen der Körper für Strahlen der in Rede stehenden Schwingungsdauer. Bei derselben Temperatur glüht Metall lebhafter als Glas, und dieses mehr als ein Gas, entsprechend der Thatsache, daß Metall mehr Licht absorbirt als Glas, und Glas mehr als Gas. Ein Körper, der bei den höchsten Temperaturen ganz durchsichtig bleibt, glüht niemals, eine Perle von phosphorsaurem Natron in einer Platinschlinge bleibt im Bunsen'schen Brenner vollkommen klar und leuchtet nicht, während der Platinring, der sie berührt, das lebhafteste Licht ausstrahlt.

III. Resultate der Spektralanalyse.

1. Chemischer Theil.

Der Name Spektralanalyse erinnert zunächst an chemische Operationen, es bezeichnet ja der Chemiker die Auffindung der Stoffe in einem gegebenen Körper mit dem Namen „Analyse". Während der Chemiker die Stoffe dadurch herausfindet, daß er verschiedene Reagentien anwendet, d. h. verschiedene bekannte Stoffe einwirken läßt, um aus den entstehenden chemischen Verbindungen oder Zersetzungen auf den gegebenen Stoff zu schließen, will die Spektralanalyse unmittelbar aus dem Verhalten des Körpers zum Licht auf seinen Stoff einen Schluß machen.

Die Löthrohrversuche der frühern Zeit waren ein Anfang in dieser Art von Analyse. Es wurden kleine Stückchen z. B. eines Minerals mit bekannten Substanzen zu einer glasartigen Perle geschmolzen und aus der Färbung der Perle auf die in dem Mineral enthaltenen Substanzen geschlossen. In andern Fällen konnte schon die Färbung der Flammen Aufschluß über das in ihnen Verflüchtigte geben, z. B. das rothe Licht des Bengalischen Feuers ist leicht als Strontiumlicht zu erkennen. Aber diese Beobachtungen für sich mußten nothwendig ganz unvollkommen bleiben. Wenn es sich nicht blos um eine, sondern um mehrere Lichtarten handelt, wie das stets der Fall sein wird, wenn mehrere Stoffe in Betracht kommen, so fehlt die Eigenschaft unseres Auges, diese Lichtarten zu sondern; das Auge erhält einen allgemeinen Eindruck der Mischfarbe, kann aber nicht ihre Bestandtheile herausfinden, also auch nicht auf die einzelnen im geschmolzenen oder verflüchtigten Körper vorhandenen Substanzen schließen. Wir haben schon oben gesehen, daß zu einer solchen Analyse das Prisma nöthig ist, welches die Mischung in die einzelnen Theile zerlegt.

J. Herschel und Talbot haben sich mit der Beobachtung der Spektren farbiger Flammen beschäftigt und den Nutzen eingesehen, den diese Beobachtung dem Chemiker gewähren kann. Schon in den 20er Jahren unseres Jahrhunderts beschreibt Herschel die Spektren von Chlorstrontium, Chlorkalium, Chlorkupfer, salpetersaurem Kupfer und Borsäure. Soda gibt nach ihm ein reichliches, rein gelbliches Licht, Pottasche ein schönes blasses Violet. Er führt an, daß die Chlorverbindungen zu diesen Versuchen am besten zu gebrauchen seien, weil sie besonders flüchtig seien. Er kennt auch schon die Anwendung des Drummond'schen Lichts zur Erhitzung von Substanzen, um ihr Spektrum zu beobachten, und weiß, daß die dabei auftretenden glänzenden Linien dieselben sind wie die der gefärbten Flammen. Talbot kennt die rothe Linie als charakteristisch für Kalisalze, wie die gelbe Linie es für Natriumsalze ist, er glaubt, daß immer ein bestimmtes chemisches Element vorhanden sei, wenn das Prisma einen homogenen Lichtstrahl anzeige. Es wäre darnach möglich, mittelst des Spektrums gewisse Substanzen leicht aufzufinden, welche der Chemiker nur mühsam durch seine Methode bestimmt. Ja er spricht sogar noch von dem großen Vortheil dieser Methode, auch sehr kleine Mengen neben andern Stoffen herauszufinden.

„Es ist damit," wie Kirchhoff sagt, „der Gedanke der chemischen Analyse durch Spektralbeobachtungen vollkommen klar ausgedrückt, aber durch andere Aussprüche derselben Beobachter, die in denselben Abhandlungen vorkommen, wird den vorher angeführten Schlüssen geradezu widersprochen und die Basis dieser Analyse völlig in Frage gestellt."

In der That findet Herschel dasselbe gelbe Licht des Natriums in verschiedenen Fällen, wo kein Natrium vorhanden ist, bei starker Verbrennung, wenn man mit dem Löthrohr in eine Oellampe bläst, oder wenn Schwefel in einen weißglühenden Tiegel geworfen wird. Talbot sagt ausdrücklich, daß die gelbe Flamme häufig erscheine, wo kein Natrium vorhanden sei. Holz, Elfenbein, Papier u. s. w. zeigen neben ihrer hellen Flamme mehr oder weniger jenes gelbe Licht. Das einzige, was diese Körper mit den Natriumverbindungen gemein haben, sei Wasser; dieses aber könne nicht das gelbe Licht erzeugen, denn geschmolzener und brennender Schwefel gebe es ja auch.

Sonach liegt hier durchaus nicht der einfache Satz zu Grunde, daß die gelbe Flamme Natriumverbindungen anzeige. Vielmehr scheint es, als ob sich Herschel und Talbot das gelbe Licht entstanden denken durch einen Proceß von unbekannter Natur, der bei den verschiedenen Elementen bald leichter, bald schwerer vor sich gehen kann, aber bei allen möglich, also nicht für ein bestimmtes charakteristisch ist.

Versuche, die später gemacht wurden, von Wheatstone, Angström, Plücker, Desprez u. s. w. konnten der Ansicht zur Stütze dienen, daß die hellen Linien des Spektrums eines glühenden Gases ausschließlich durch die einzelnen chemischen Bestandtheile desselben bedingt sind; aber den Beweis für diese Ansicht konnten sie nicht liefern. Hiezu waren die Bedingungen bei ihnen zu verwickelt, die Vorgänge, die in einem elektrischen Funken stattfinden, zu wenig gekannt. Insbesondere konnte unmöglich die Verschiedenheit der Farbe in den verschiedenen Theilen einer Geißler'schen Röhre zu der Ansicht führen, daß die Farbe nur von den chemischen Elementen abhänge.

Es konnte die in Beziehung auf die Linien glühender Gase aufgestellte Frage nur entschieden werden durch Versuche unter den möglichst einfachen Verhältnissen, durch Beobachtung der Spektren von Flammen. Solche Beobachtungen wurden 1845 von W. A. Miller angestellt, aber sie haben zur Lösung der Frage keinen Beitrag geliefert, seine Abbildungen der Spektren waren zu mangelhaft. Erst Swan hat durch Versuche zu entscheiden gesucht, ob die fast immer auftretende gelbe Linie ausschließlich durch Natriumverbindungen hervorgebracht sein könne, und findet es sehr wahrscheinlich, daß die gelbe Linie immer auf Natriumverbindungen hinweise. Allein seine Untersuchung galt verschiedenen Kohlenwasserstoffen, die Natriumflamme beobachtete er nur nebenbei. Er hat die Frage nach den hellen Linien eines glühenden Glases nicht allgemein gestellt.

„Niemand hat sich," sagt Kirchhoff, „jene Frage vor Bunsen und mir mit Klarheit vorgelegt; es war das wichtigste Ziel unserer gemeinsamen Arbeit, dieselbe zu beantworten; durch Versuche, die in der mannigfaltigsten Weise abgeändert wurden, und die zum größten Theil neu waren, wurden wir zu der Entscheidung geführt, welche die Grundbedingung für die chemische Analyse durch Spektralbeobachtungen bildet."

Das Vorhergehende enthält — großentheils mit den eigenen Worten Kirchhoff's — die Geschichte der Entstehung der Spektralanalyse. Wie bei allen Entdeckungen, treten auch hier verschiedene Ansprüche auf Priorität auf, Kirchhoff weist sie einfach, klar und siegreich zurück. Einzelne Thatsachen, einzelne Aussprüche und Beobachtungen machen keine Wissenschaft, sie gehen der Zusammenfassung des Ganzen voraus, das Verdienst, dieses Ganze zum erstenmal überblickt und in feste und bestimmte Gestalt gebracht zu haben, entscheidet für den Ruhm der Entdeckung. Nach dem obigen kann uns kein Zweifel bleiben, daß Kirchhoff und Bunsen jenes Verdienst gebührt.

Wenn es zunächst schien, wie schon Talbot ausgesprochen hat, daß die chemische Analyse besondern Vortheil von der Spektralanalyse ziehen werde, wenn durch Anwendung der Spektralanalyse in kurzer Zeit mehrere neue chemische Elemente — Cäsium, Rubidium, Thallium, Indium — entdeckt worden waren, und diese Entdeckungen jene Erwartung zu bestätigen schienen, so zeigt doch ein Blick auf die heutigen Bestrebungen der Chemiker, daß die Spektralanalyse wenig von ihnen benützt wird, daß in dem letzten Jahrzent nicht einmal festgestellt worden ist, welche

Elemente und auf welchem Wege dieselben einfach aus den Spektren erkannt werden können. Die Metalle sind noch viel mehr untersucht, als die Metalloide, aber nicht von Chemikern, sondern von Physikern, nicht für Zwecke der Chemie, sondern für die der Astronomie. Die Spektren der Metalle erhält man viel leichter, weil eine und dieselbe Methode genügt, um sie darzustellen, indem man den elektrischen Funken zwischen zwei Polen überspringen läßt, welche in irgend einer Art aus jenem Metall gebildet sind. Bei den Metalloiden läßt sich nicht immer ein und dasselbe Verfahren anwenden, es sind Körper, welche bald leitend, bald nichtleitend, bald starr, bald flüssig oder gasförmig sind. So wird Wechsel von Temperatur und Pressung bei Bildung des Spektrums von wesentlichem Einfluß sein. Man will sogar schon für denselben Stoff ganz verschiedene Spektra erhalten haben; es mag sein, daß mit Temperatur und Pressung die Breite der Linien sich ändert, daß Linien zu Banden werden und daß endlich continuirliches Spektrum entsteht. Daß aber in der Art verschiedene Spektra desselben Stoffs existiren sollen, das würde die ganze Grundlage der Spektralanalyse zerstören. Kein Wunder, daß von verschiedenen Seiten her solche Resultate als aus ungenauen Beobachtungen hervorgegangen bestritten werden, wie wir beim Wasserstoff z. B. sehen werden.

Es wird daher vollkommen genügen, bei den Metallen einfach auf die gezeichneten Spektra hinzuweisen; die Metalloide dagegen haben wir näher zu betrachten.

Der Wasserstoff zeichnet sich durch vier helle Linien aus, in Roth, Grün, Blau und Violet. (Spektraltafel Nr. 12.)

Man erhält das Spektrum am einfachsten in einer Geißler'schen Röhre, deren mittlerer Theil sehr eng ist. Die Linien erscheinen dann scharf und schmal. Bei zunehmender Pressung und höherer Temperatur verbreitern sich die Linien, so daß bei gewöhnlicher Pressung unter Umständen ein continuirliches Spektrum entsteht. Man erhält die Linien auch bei gewöhnlicher Pressung, wenn man den Funken einer Induktionsrolle mit kurzem, dickem inducirten Draht auf eine sehr kleine Distanz überspringen läßt, kleiner als ein Millimeter. Nach Angström und Salet gibt es nur ein Spektrum des Wasserstoffs, gegentheilige Beobachtungen von Wüllner rühren nach ihren Versuchen daher, daß der Wasserstoff nicht vollkommen rein war, daß er Spuren von Substanzen, mit denen er bei der Bereitung in Berührung stand, mit sich nahm, die für sich ihre Spektra geben.

Eine Umkehrung des Wasserstoffspektrums ist bis jetzt nicht gelungen, wir sehen aber die Umkehrung in dem Spektrum der Sonne und einiger Fixsterne. Ebenso wenig ist es möglich, das Wasserstoffspektrum durch Verbrennung in einer Flamme zu erhalten; mag man es in Sauerstoff oder Chlor, bei starker oder schwacher Pressung verbrennen, es verhält sich immer wie ein starrer glühender Körper und gibt ein continuirliches Spektrum.

Das Spektrum des Chlors erhält man sehr leicht, indem man bei gewöhnlicher Pressung den Funken der Influenzmaschine durch das Gas gehen läßt. Mit der Induktionsrolle werden die Linien nicht so scharf. Eine Geißler'sche Röhre mit Chlor zu füllen, ist ungemein schwierig, weil das Quecksilber von Chlor angegriffen wird. Brom in gleicher Weise behandelt gibt einen gelben Funken,

Jod einen bläulichen. Beide Gase lassen sich in schwer schmelzbare Glasröhren eingeschlossen bis zur Rothglühhitze erwärmen und geben dann ein Spektrum ohne helle Linien. Brom und Jod geben Absorptionsspektra, welche aus einer Reihe von Banden bestehen, die von innen nach außen abschattirt sind und am ehesten den Eindruck einer großen Zahl dicht neben einander gestellter Säulen machen. Man erhält diese Spektra, wenn man einen glühenden Platindraht oder die scharfe Kante einer Gasflamme durch den Brom- oder Joddampf hindurch betrachtet. Man hätte sonach zwei verschiedene Spektren von Brom und Jod, da das Absorptionsspektrum nicht die Umkehrung des Emissionsspektrum ist. Was hier zu Grunde liegt, wodurch diese Verschiedenheit bedingt ist, welche dem Kirchhoff'schen Gesetze widerspricht, darüber läßt sich bis jetzt nichts Bestimmtes sagen. Die Untersuchung des Spektrums von Fluor hat eigenthümliche Schwierigkeiten, weil Fluor das Glas angreift. Man hat gesucht, das Spektrum dadurch zu bestimmen, daß man die Spektren von Chlor-Silicium und Fluor-Silicium untersuchte und die gemeinschaftlichen Linien, sowie die des Chlors, wegließ.

Der Sauerstoff zeigt eine große Zahl heller Linien, namentlich im Blauen. Sie verbreitern sich bei hoher Temperatur. Auch beim Sauerstoff will Wüllner ein zweites und drittes Spektrum beobachtet haben, nach Angström sind dies aber die Spektren von Kohlenoxyd und Chlor, also durch unreinen Sauerstoff bedingt. Salet bestätigt, daß mit reinem Sauerstoff mehr als ein Spektrum nicht erhalten werde. Ein Absorptionsspektrum oder ein Verbrennungsspektrum des Sauerstoffs ist nicht bekannt.

Auch der Schwefel scheint verschiedene Spektra zu zeigen. Wird Schwefeldampf in eine Geißler'sche Röhre gebracht und diese erwärmt, so erscheint ein schönes blaues Licht, welches ein Säulenspektrum gibt, wenn man den Induktionsstrom anwendet. Mit der Influenzmaschine erhält man dagegen ein regelmäßiges Spektrum, dessen Linien sich erbreitern, wenn man stärker erhitzt. Verbrennt man Schwefel in der Luft, so erhält man ein continuirliches Spektrum. Die Flamme von Schwefelwasserstoff und alle Flammen von Kohlenwasserstoffen, in welche man Schwefel bringt, zeigen keine Spektrallinien oder Banden, nur ein Wasserstoffstrom, in den Spuren von Schwefel gebracht werden, gibt das Säulenspektrum. Die blaue Schwefelflamme hat eine so niedrige Temperatur, daß ein dünner Platindraht in sie gebracht, kaum zum Leuchten gelangt. Gegenstände, die in großen Städten längere Zeit der Luft ausgesetzt sind, zeigen meist die blaue Färbung des Schwefels, auf dem Lande ist es dagegen selten der Fall.

Auch das Selen zeigt zwei Spektren, in Geißler'schen Röhren mit dem Induktionsapparat ein Säulenspektrum, mit der Influenzmaschine ein Linienspektrum. Beim Verbrennen oder Verflüchtigen in Leuchtgas erhält man — im Gegensatz zum Schwefel — ebenfalls das erstere. Die Banden des Säulenspektrums sind viel weiter, etwa doppelt so weit von einander entfernt, als die des Schwefels. Auch Tellur gibt die zwei Spektra, das Säulenspektrum beim Erhitzen einer Geißler'schen Röhre von schwer schmelzbarem Glas, da Tellur schwer verflüchtigbar ist. Das Linienspektrum ergibt sich wie bei den Metallen.

Der Stickstoff zeigt ebenfalls zwei Spektra, bei niedriger Temperatur durch direkte Entladung einer Induktionsrolle ohne Leydnerflasche oder bei Anwendung einer Influenzmaschine ohne Condensator ein Säulenspektrum. (Spektraltafel Nr. 13.) Bei hoher Temperatur, wenn man einen Condensator anwendet, erhält man ein Spektrum mit vielen feinen hellen Linien.

Der Phosphor zeigt ein einziges Spektrum mit nicht vielen glänzenden hellen Linien, mag der elektrische Funke, der es erzeugt, stärker oder schwächer sein. Beim Verbrennen in Wasserstoff erhält man ein Bandenspektrum, dessen Banden zum Theil ganz oder nahe an die Stelle von Linien des Linienspektrums fallen.

Bor zeigt einige glänzende Banden, die aber wahrscheinlich der Borsäure angehören. Man erhält sie auch, wenn man Borsäure in irgend welche Flamme bringt.

Von Kohlenstoff kennt man bis jetzt kein Spektrum, er läßt sich nicht verflüchtigen, ohne daß er zugleich chemische Verbindungen eingeht. Höchstens könnte man annehmen, daß eine Anzahl Banden, die immer wieder beim Durchgang der Elektricität durch Kohlenstoffverbindungen sich zeigen, dem Kohlenstoff eigenthümlich angehören. Daß dabei kein Linienspektrum entsteht, ist wohl der geringen Flüchtigkeit zuzuschreiben. Angström schreibt jene Banden dem Kohlenoxyd zu, sie zeigen sich beinahe in allen Geißler'schen Röhren. Alkohol und Phenol zeigen die Banden von Wasserstoff und Kohlenstoff. Kohlensäure gibt die Spektren von Kohle und Sauerstoff neben einander.

Von Silicium erhält man das Spektrum mit der Induktionsrolle, wenn man den Funken zwischen zwei

Siliciumpolen überspringen läßt. Die Dämpfe von Chlorsilicium und Bromsilicium leuchten unter der Einwirkung des elektrischen Funkens sehr leicht. Die Geißler'schen Röhren, welche blos durch Reiben leuchtend werden, enthalten Spuren dieser Verbindungen.

Bei zusammengesetzten Körpern wird es wesentlich darauf ankommen, welche Zersetzungen beim Durchschlagen des elektrischen Funkens oder beim Verbrennen in der Flamme vor sich gehen. Auch können einzelne Spektra in einem zusammengesetzten Körper verschwinden, vielleicht weil zunächst die leichter flüchtigen verdampfen und die Wärme den andern entziehen, bis die ersten ganz verflüchtigt sind. Oder sind einzelne Spektra zu schwach gegenüber von anderen. Z. B. bei Wasserdampf treten hauptsächlich die Wasserstofflinien auf, die Sauerstofflinien nur untergeordnet. Schwefelkohlenstoff gibt ein Spektrum, welches nach Plücker eine Combination des Wasserstoffspektrums mit dem des Kohlenoxyds ist. Essigsäure, Alkohol, Aether zeigen gleiche Combination.

Man sieht, es liegen bei den Metalloiden, namentlich für die Verbindungen, noch eine große Zahl von Aufgaben vor. Die Säulenspektra kehren so häufig wieder, daß man versucht ist, an eine unbekannte gemeinsame Ursache zu denken. Vorerst ist die Regellosigkeit in den Spektren der meisten Metalloiden noch so groß, daß man sagen kann: es ist auf diesem Gebiete noch Alles zu thun.

Viel einfacher und klarer liegt die Sache bei den Metallen. Hier ist von verschiedenen Spektren desselben Metalls keine Rede, und wenn mehrere Metalle zugleich leuchten, so zeigt sich immer das aus beiden zusammen=

gesetzte Spektrum. Die Linien der flüchtigern verschwinden zuerst, die andern dauern noch fort. Auch die kleinste Menge kann noch nachgewiesen werden, das Spektrum gibt uns stets entscheidende Antwort auf die Frage, welche Metalle combinirt sind.

Es scheint, daß keine Coincidenzen von Linien verschiedener Metalle vorkommen, welche jene Entscheidung erschweren würden. Trotz der ungeheuern Zahl bestimmter Linien konnte Huggins doch nur sechs Fälle beobachten, wo eine Trennung der Linien verschiedener Metalle ihm nicht möglich war. Wahrscheinlich werden aber stärkere Apparate auch hier eine Nichtcoincidenz nachweisen können.

Erhöhung der Temperatur ändert im Allgemeinen die Spektra der Metalle, es zeigen sich neue Linien, z. B. beim Lithium tritt zu der rothen und gelben noch eine blaue, wenn man es auf der Kohle des elektrischen Lichts verflüchtigt. Bei Strontium entstehen vier neue Linien. Bei einer verhältnißmäßig niedrigen Temperatur sind die Schwingungen der Strahlen, welche diese neuen Linien erzeugen, so schwach, daß sie keinen Eindruck auf unser Auge machen. Die erhöhte Temperatur vermehrt auch die Lichtintensität. In anderen Fällen scheint die Temperatur in der Art zu wirken, daß Zersetzungen vor sich gehen. Chlorcalcium z. B. zeigt in der Bunsen'schen Flamme ein aus einzelnen Streifen bestehendes Spektrum (Spektraltafel Nr. 7.), im elektrischen Licht feine Linien. Wahrscheinlich hat man im ersten Fall das Spektrum der Verbindung, im zweiten das des Metalls allein. Bei den Alkalimetallen zeigt sich diese Verschiedenheit nicht; die Verbindungen geben dieselben Spektra, wie die Metalle selbst, die Verbindungen werden zersetzt. Auch hier taucht wieder die Frage auf, wie die Spektra chemischer Verbindungen sich zu den der einzelnen Bestandtheile verhalten, eine Frage, die ihrer Lösung noch harrt.

Einen bemerkenswerthen Beitrag zur Lösung der Frage nach den doppelten Spektren, dem Säulenspektrum und dem Linienspektrum hat Schuster gegeben. Er hat das Spektrum des Stickstoffs mit möglichster Sorgfalt untersucht. Während Secchi in einer Geißler'schen Röhre, die eine Spur von Stickstoff enthielt, drei verschiedene Spektra erhalten haben will, je nachdem er das Licht an einer engern oder weitern Stelle der Röhre untersuchte, konnte Schuster immer nur ein einziges finden. Plötzlich aber änderte sich das Linienspektrum in ein Säulenspektrum, konnte jedoch durch eine Leydner Flasche wieder in das Linienspektrum verwandelt werden, bald aber ging der Strom nicht mehr durch. Es zeigte sich, daß die Röhre durch die große Hitze gesprungen war, und es war deswegen zu vermuthen, daß Sauerstoff zugetreten war und unter Mitwirkung der Elektricität mit dem Stickstoff eine chemische Verbindung eingegangen war. Um allen Sauerstoff zu entfernen, wurden in die Geißler'schen Röhren Stückchen Natrium gebracht, die in der Röhre erwärmt wurden: man sah nur das Linienspektrum. Wurde dann frischer Stickstoff zugeleitet, so trat wieder das Säulenspektrum auf, wurde jedoch durch Erhitzen des Natriums sogleich wieder auf das Linienspektrum zurückgebracht. Reicht das Natrium nicht aus, um allen Sauerstoff aufzunehmen, so treten beide Spektra zugleich auf, auch bei Aenderung des Drucks, der beste Beweis, daß Druck und

Temperatur nicht die Verschiedenheit der Spektra bedingen kann. Wenn eine gesprungene Röhre statt des Linienspektrums plötzlich das Säulenspektrum zeigt, so kann gewiß das letzte nicht dem Stickstoff bei niederem Druck zugeschrieben werden. Es wäre zu wünschen, daß ähnliche Untersuchungen auch für andere Gase angestellt würden.

2. Astronomischer Theil.

Wir haben oben gesehen, wie die genauere Beobachtung der Natriumlinien und ihre Umkehrung für Kirchhoff die Erklärung der Fraunhofer'schen Linien mit sich führte; damit war der Anfang zur spektralanalytischen Untersuchung außerirdischer Körper gemacht. Daß die dunklen Linien D des Sonnenspektrums an derselben Stelle sich zeigen, wie die Natriumlinien, war für ihn ein Beweis, daß zwischen der Sonne und dem Auge Natriumdampf sein müsse. (Spektraltafel 1. und 5.) Dieser Dampf kann nicht wohl in der Erdatmosphäre sein, es müßte sonst die Erscheinung bei verschiedenem Sonnenstand sehr verschieden ausfallen, da bei niedrigem Stande das Licht durch eine viel dickere Schicht Natriumdämpfe gehen würde, als bei hohem. Um so weniger kann die Erdatmosphäre die Umkehrung bewirken, da die Fraunhofer'schen Linien in großer Zahl mit den Eisenlinien (Fig. 19.) zusammenfallen und die Existenz von Eisendämpfen bei der Temperatur der Erdatmosphäre doch keinenfalls anzunehmen ist.

„In unserer Atmosphäre," sagt Kirchhoff, „kann man unmöglich Eisendämpfe in einer Menge annehmen, die

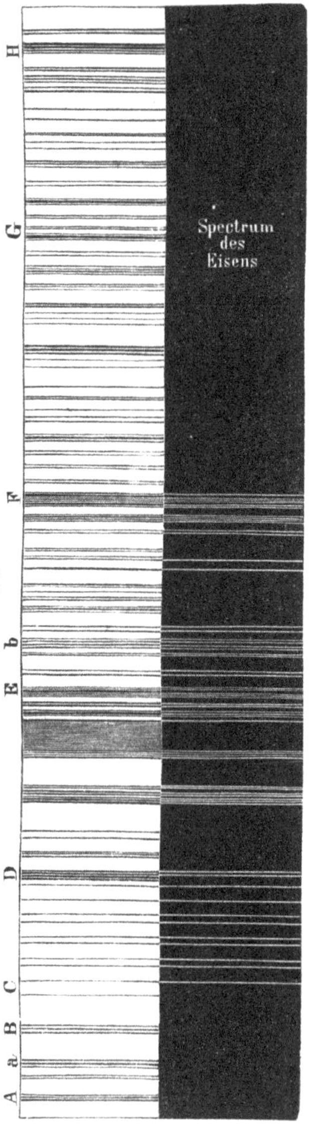

Fig. 19.

zureichend wäre, um so ausgezeichnete Absorptionslinien im Sonnenspektrum hervorzurufen, als die der Eisenlinien entsprechenden sind; um so weniger, als diese Linien nicht eine merkbare Veränderung erleiden, wenn die Sonne sich dem Horizonte nähert. Der Annahme solcher Dämpfe in der Atmosphäre der Sonne steht aber bei der Höhe der Temperatur, die wir dieser zuschreiben müssen, Nichts entgegen. Die Beobachtungen des Sonnenspektrums scheinen mir hiernach die Gegenwart von Eisendämpfen in der Sonnenatmosphäre mit einer so großen Sicherheit zu beweisen, als sie bei den Naturwissenschaften überhaupt erreichbar ist.“

„Nachdem so die

Gegenwart eines irdischen Stoffes in der Sonnenatmosphäre festgestellt und durch dieselbe eine große Zahl der Fraunhofer'schen Linien erklärt ist, liegt die Vermuthung nahe, daß auch andere irdische Stoffe sich dort befinden, und durch die Absorption, die sie ausüben, andere von den Fraunhofer'schen Linien hervorbringen. Es ist namentlich wahrscheinlich, daß Stoffe, welche hier an der Erdoberfläche in großen Massen vorhanden sind und welche zugleich durch besonders helle Linien in ihren Spektren sich auszeichnen, auf ähnliche Weise wie das Eisen sich in der Sonnenatmosphäre bemerklich machen werden. Es ist das in der That der Fall bei Calcium, Magnesium und Natrium. Allerdings ist die Zahl der hellen Linien in dem Spektrum eines jeden dieser Metalle nur eine kleine; aber diese Linien, sowie diejenigen des Sonnenspektrums, mit denen sie zu coincidiren scheinen, sind von so ausgezeichneter Deutlichkeit, daß ihre Coincidenzen sich mit ganz besonderer Schärfe beobachten lassen. Hierzu trägt der Umstand noch wesentlich fördernd bei, daß diese Linien in Gruppen vorkommen, deren Coincidenzen schärfer, als die Coincidenzen einzelner Linien wahrgenommen werden können. Die Linien des Chroms bilden auch eine sehr ausgezeichnete Gruppe, die mit einer gleichfalls sehr deutlichen Gruppe Fraunhofer'scher Linien übereinstimmt; auch die Anwesenheit des Chroms in der Sonnenatmosphäre glaube ich hiernach behaupten zu dürfen."

„Es schien von Interesse, zu prüfen, ob in der Sonnenatmosphäre auch Nickel und Kobalt vorhanden sind, diese steten Begleiter des Eisens in den Meteormassen. Die Spektren dieser beiden Metalle zeichnen sich, wie das des Eisens, durch die außerordentlich große Zahl ihrer Linien aus. Aber die Linien des Nickels und mehr noch die des Kobalts sind viel weniger hell, als die des Eisens; ich konnte daher ihre Lage lange nicht mit der Genauigkeit beobachten, wie es bei den Eisenlinien möglich gewesen war. Die hellern Linien des Nickels scheinen alle mit Linien des Sonnenspektrums zu coincidiren; dasselbe findet statt bei einigen Linien des Kobalts, bei andern von merklich gleicher Helligkeit aber nicht. Ich glaube aus meinen Beobachtungen schließen zu dürfen, daß Nickel in der Sonnenatmosphäre sichtbar ist; ob dasselbe von Kobalt gilt, darüber halte ich mein Urtheil zurück."

„Barium, Kupfer und Zink scheinen in der Sonnenatmosphäre vorhanden, aber nur in geringer Menge; den hellsten ihrer Linien entsprechen deutliche Linien des Sonnenspektrums, den schwächeren nicht. Die übrigen Metalle, welche ich untersucht habe, nämlich Gold, Silber, Quecksilber, Aluminium, Cadmium, Zinn, Blei, Antimon, Arsen, Strontium und Lithium, sind nach meinen Beobachtungen in der Sonnenatmosphäre nicht sichtbar."

Die vollkommenste Darstellung des Sonnenspektrums, die wir jetzt besitzen, ist die von Angström. Wir haben schon oben gesehen, daß er direkt mittelst des Gitters die Wellenlängen vieler Fraunhofer'schen Linien gemessen, die übrigen nach ihren Distanzen zu den vorhergehenden eingeschaltet hat. Das ganze so gezeichnete Spektrum hat eine Länge von mehr als 3 Meter. Außerdem hat Angström in Verbindung mit Thalen die Spektra einer Reihe von Metallen bestimmt, um Anhaltspunkte für die Vergleichung mit dem Sonnenspektrum zu haben. Er fand auf diese Weise, daß die Metalle der folgenden Tabelle mit dem Sonnenspektrum die neben bezeichnete Zahl von Linien gemein haben:

Wasserstoff	4	Mangan	57
Natrium	9	Chrom	18
Barium	11	Kobalt	19
Calcium	75	Nickel	33
Magnesium	4	Zink	2 (?)
Aluminium	2 (?)	Kupfer	7
Eisen	450	Titan	118

Angström zieht daraus den Schluß, daß die den Sonnenkörper bildenden Substanzen ohne Zweifel die gleichen sind wie die der Erde. Allerdings gibt es noch Linien unbekannten Ursprungs, aber hieraus Schlüsse auf Substanzen zu machen, die der Erde fremd sind, wäre jedenfalls verfrüht.

Unter den Metalloiden ist Wasserstoff das einzige, welches die Spektralanalyse als der Sonne zugehörig, nachgewiesen hat. Obgleich keine vollständige Coincidenz zwischen Linien des Sonnenspektrums einerseits und denen des Sauerstoffs und Stickstoffs andererseits nachzuweisen ist, so kann man doch daraus nicht auf vollständige Abwesenheit dieser zwei Körper auf der Sonne schließen. Der Grund davon ist folgender: das Luftspektrum zeigt sich nicht beim continuirlichen Strömen der Electricität, es verlangt eine discontinuirliche Entladung, wie die Geißler'schen Röhren zeigen, welche beide Gasarten enthalten. Solange die Entladung mit Elektrolyse verbunden ist, gehören die Spektra alle zusammengesetzten Körpern an (es ist daher die Bezeichnung Plückers: Spektra erster

Ordnung, sehr unpassend). Wendet man dagegen den Condensator an, so wird die Entladung discontinuirlich und nun treten die Spektra der Elemente auf. Daraus scheint hervorzugehen, daß die hohe Temperatur der Sonne nicht hinreicht, um die glänzenden Linien von Sauerstoff und Stickstoff hervorzubringen. Wenn dem aber so ist, so können sie in der Sonne sein, ohne durch Absorption dunkle Linien im Sonnenspektrum hervorzubringen. Auch das Luftspektrum zeigt die Linien beider Stoffe nicht.

Auch Kohlenstoff verlangt eine diskontinuirliche Entladung der Elektricität, wenn er ein charakteristisches Spektrum geben soll. Kohlenverbindungen werden bei der Temperatur der Sonne nicht existiren können, aber die Hitze an sich ist auch nicht fähig, Kohlenstoff zu verflüchtigen. Er befindet sich also wahrscheinlich in glühendem Zustand in der Sonne, wie in unsern Flammen.

Eine Reihe von Linien im Sonnenspektrum lassen sich nicht durch Absorption in der Sonnenatmosphäre erklären. Sie sind sehr veränderlich und lassen daher vermuthen, daß sie erdatmosphärische Linien oder irdische Linien sind. Sie stimmen nicht mit den Linien des elektrischen Spektrums der Luft, aus dem oben angegebenen Grund. Man könnte sonach an andere Gase, als Sauerstoff und Stickstoff, denken, welche jene Linien hervorbringen, zunächst an Wasserdampf. Die meisten rühren von ihm her, dagegen sind namentlich im Rothen drei Gruppen, welche von Wasserdampf nicht herrühren können, da Angström sie bei 27 Grad unter Null bei niedrigem Sonnenstand sehr glänzend beobachtet hat. Vielleicht hat man sie der Kohlensäure zuzuschreiben.

Nachdem erkannt war, daß die Fraunhofer'schen Linien einen Schluß auf die in der Sonnenatmosphäre enthaltenen Elemente möglich gemacht hatte, lag es nahe, auch der Sonne selbst zu Leibe zu gehen. Es galt noch vor zwanzig Jahren als ausgemacht die von Herschel ausgebildete Theorie von Wilson, daß der Kern der Sonne dunkel sei, daß er von einer nicht leuchtenden und einer stark leuchtenden Atmosphäre umgeben sei, die letzte gewöhnlich mit dem besondern Namen Photosphäre bezeichnet. Wilson hatte diese Theorie aufgestellt, um das Aussehen der Sonnenflecken zu erklären. Der Kern derselben soll der Kern der Sonne sein, der durch eine Oeffnung der zwei Atmosphären gesehen wird, der graue Rand um den Kern der Theil der nicht leuchtenden Atmosphäre, welcher durch die Oeffnung der Photosphäre gesehen wird. Es soll damit zugleich die Aenderung der Lage des Kerns der Flecken zum Hof erklärt sein, welche bei ihrem Vorrücken in Folge der Umdrehung der Sonne um ihre Axe gegen den Rand hin stattfindet.

Kirchhoff stellte zunächst die physikalische Unmöglichkeit dieser Theorie dar. Wenn unter der leuchtenden und wärmenden Photosphäre eine nicht leuchtende Atmosphäre sich befindet, so muß diese als nicht leuchtend — nach dem Satz über Emission und Absorption — auch nicht absorbirend sein, also das Licht und die Wärme der Photosphäre durchlassen. Ist aber dies der Fall, so kann der Sonnenkörper nicht dunkel sein; selbst wenn er es einmal gewesen wäre, so müßte er durch die von der Photosphäre ausstrahlende von der Atmosphäre durchgelassene Wärme zum Glühen gebracht worden sein. Das Leuchtende ist somit der Körper der Sonne selbst, sie ist ein flüssiger oder fester Körper in glühendem Zustand und sendet daher Strahlen von allen möglichen Schwingungsdauern aus. In der weniger warmen Atmosphäre sind glühende Gase, welche durch Absorption die Fraunhofer'schen Linien hervorbringen: sie zeigen sich als dunkle Linien da, wo die Gase für sich helle Linien geben. Wahrscheinlich findet diese Absorption erst in ziemlicher Höhe über der Sonnenoberfläche statt, wo die atmosphärischen Schichten weniger warm sind, abgekühlt durch die ausstrahlende Wärme. Denn dunkle Linien entstehen ja nur, wenn die Lichtquelle beträchtlich intensiver ist, als die von ihr durchsetzte Flamme.

Daß dies die allein richtige Anschauung von der Beschaffenheit der Sonne sei, daß sie die einzig mögliche Consequenz der Fraunhofer'schen Linien sei, davon ist Kirchhoff so sehr überzeugt, daß er erklärt, man müsse sie beibehalten, auch wenn es nicht gelingen würde, andere Erscheinungen auf der Oberfläche der Sonne zu erklären, die Sonnenfackeln, die Sonnenflecken und die Poren. Doch glaubt er, daß ihre Erklärung durch Wolken in der Sonnenatmosphäre möglich sei. Wie in der Erdatmosphäre durch lokale Abkühlung Wolken entstehen, so werde das auch in der Sonnenatmosphäre der Fall sein. Ist aber eine solche Wolke entstanden, so wird die Ausstrahlung der Oberfläche der Sonne nach außen gehindert, es wird noch oberhalb der Wolken Abkühlung eintreten, eine zweite größere Wolke sich bilden. Der Beobachter von der Erde aus sieht diese zwei Wolken, von denen die eine über die andere übergreift, als einen dunklen Fleck mit grauem

Rand, weil durch beide hindurch wenig Licht, durch eine ziemlich mehr von der Sonnenoberfläche aus durchstrahlt.

In vollständigem Gegensatz zu Kirchhoff befindet sich der französische Astronom Faye. Er behauptet, von dem, was man auf der Oberfläche der Sonne sieht, von den Poren, den Fackeln und Flecken ausgehend, müsse man nothwendig zu dem Schluß gelangen, daß der Sonnenkörper eine glühende Gasmasse sei, und wenn dabei der Satz von der Emission und Absorption nicht zutreffe, so sei es Aufgabe der Wissenschaft, diese Ausnahme zu erklären. Es scheint nicht, daß wir schon jetzt im Stande sind, alle Widersprüche zu lösen, die mit der einen oder andern beider Ansichten verbunden sind. Vielleicht gelingt es noch am ehesten, wenn man eine dritte Hypothese von Zöllner zu Hilfe nimmt, um die Sonnenflecken zu erklären.

Nachdem einmal vom physikalischen Standpunkt aus anerkannt war, daß der Sonnenkern nicht kalt und dunkel sein könne, mußte man annehmen, daß er glühend und zum wenigsten so warm sein müsse als die Photosphäre, wahrscheinlich noch heißer. Darüber war Jedermann nun einverstanden. Wenn dem aber so ist, schloß Faye, so muß dieser Kern durch die Flecken, wenn man sie sich durch Lücken in der weißglühenden Umhüllung der Sonne entstanden denkt, hindurch glänzen, die Flecken könnten nicht schwarz erscheinen. Also ist es wahrscheinlich anzunehmen, daß die Sonne ein glühender Gasball ist, da glühende Gase viel weniger Licht aussenden, als flüssige oder starre glühende Körper. Die Photosphäre ist dann zu betrachten als eine Vereinigung von wolkenartigen Anhäufungen starrer Körpertheilchen, durch deren Unterbrechungen man in die schwach leuchtende Gasmasse hinabsieht.

Dem entgegneten englische Astronomen und Kirchhoff, daß der schwach leuchtende innere Theil der Sonne Licht und Wärme in beträchtlichem Maaße durchlassen müsse. Man müßte also durch den Gasball hindurch die Photosphäre auf der andern Seite sehen, also können dunkle Flecken nicht erscheinen. Faye trat dieser Anschauung dadurch entgegen, daß er sagte, das möge bei einem Gasball von überall gleicher Dichte der Fall sein, nicht aber, wenn in demselben stürmische Vorgänge auftreten. Er sucht durch Zahlen nachzuweisen, daß die jetzt vorhandene Wärmestrahlung der Sonne, die sich ziemlich sicher messen läßt, unmöglich lange fortdauern könnte, wenn blos die Oberfläche der flüssigen oder starren Sonne Wärme aussende. Was sie ausstrahle, müsse von dem ganzen Sonnenkörper ausgehen, Gase strömen aus dem Innern, um das zu ersetzen, was an der Oberfläche erkaltet und verdichtet wieder gegen den Mittelpunkt der Sonne als Regen zurückfällt. Nachdem die flüssigen oder starren Theilchen in der Photosphäre geleuchtet, kehren sie zum Sonnenkern zurück, werden wieder zu intensiverer Hitze gelangen und dort wieder in Gase verwandelt. Dabei werden chemische Vorgänge, Dissociationen eintreten, welche unter der Photosphäre eine kühlere Schicht flüssiger oder starrer Körper als denkbar erscheinen lassen. Jedenfalls könne aber dann von gleichmäßigem Durchgang des Lichtes nicht die Rede sein.

Bei unserer Unkenntniß über chemische Vorgänge innerhalb eines Raums von der Temperatur der Sonne wird sich gegen den Einwurf von Faye nicht viel sagen lassen. Streiten sich ja doch noch die Astrophysiker über die Höhe jener Temperatur innerhalb weiter Grenzen. Während Secchi von vielen Millionen Graden spricht, glaubt Zöllner mit 100000 Graden für die Region, wo die Protuberanzen aufsteigen, jedenfalls auszureichen, wenn auch innerhalb die Temperatur höher sei.

Kirchhoff und die englischen Astronomen versetzen die Bildung der Sonnenflecken ganz in die Atmosphäre der Sonne. Mit der Wolkentheorie Kirchhoff's sind die englischen Astronomen — Balfour Stewart, Loewy, Warren de la Rue — nicht einverstanden. Sie betrachten als Ursache in der Atmosphäre niedersteigende kalte Luftströme, welche von den obern Regionen kommen und die Sonnenoberfläche an einzelnen Stellen abkühlen, ihr also die Leuchtkraft nehmen. Zöllner glaubt, daß beim Durchbrechen der glühenden Wolkenschicht, welche überall über der glühenden Oberfläche des flüssigen Kerns schwebt, eine starke Ausstrahlung an der Oberfläche stattfinde, stark genug, um Schlackenbildungen, Abkühlungen bis zum Starrwerden, hervorzubringen.

Damit entgehen diese Forscher den Einwürfen, die man der Wolkentheorie machen kann. Wolken in einer Atmosphäre können wir uns nicht als etwas Stabiles, Bestehendes denken; aber es gibt Sonnenflecken, welche 30 bis 40 Tage nahezu an derselben Stelle der Sonnenoberfläche verharren. Wolken müßten im großen Durchschnitt der Photosphäre der Sonne bei der Umdrehung derselben um ihre Axe vorauszueilen scheinen, da sie weiter von der Axe entfernt sind; die Beobachtung scheint aber bei den

Flecken das Gegentheil zu zeigen, so daß diese tiefer sein müßten, als die Photosphäre. Bei der Theorie der englischen Astronomen und bei Zöllner's Theorie ist dem entsprochen, beidemal liegt die Ursache auf der Sonnenoberfläche, über welcher die Wolkenansammlung der Photosphäre lagert.

Aber auch gegen diese Ansichten tritt Faye auf und behauptet, daß sie nicht mit den beobachteten Thatsachen übereinstimmen. Kalte Luftströme von oben, welche die Oberfläche der Sonne treffen, können dort keine Abkühlung hervorbringen, denn beim Niedersteigen verdichten sie sich, geben also Wärme ab, statt solche zu absorbiren. Gegen die Schlackentheorie führt er an, daß die Schlacken der Sonnenhitze unmöglich Wochen und Monate lang widerstehen könnten.

Noch gibt Faye eine bestimmtere Darlegung, wie er sich die Beschaffenheit der Photosphäre denkt. Sie ist keine zusammenhängende Hülle, sondern eine Ansammlung kleinerer Wolken von glühendem Stoffe, durch Zwischenräume getrennt. Diese Zwischenräume erscheinen dunkel, wie die Sonnenflecken, sind aber im Allgemeinen viel kleiner; sie bilden die sogenannten Poren, unsichtbar bei schwächeren Fernröhren wegen der Irradiation, bei den stärksten dagegen leicht zu erkennen. „Es ist wahrscheinlich, daß der Sauerstoff, welcher beim Glühen entstehender Verbindungen eine Hauptrolle spielt, sich in den oberflächlichen Schichten ansammelt, wegen seines geringen specifischen Gewichts und seiner Fähigkeit, auch bei hohen Pressungen gasförmig zu bleiben. Die chemische Umwandlung wird in dieser Schicht Sauerstoff von unbestimmter

Dicke durch Zuführung der Metalldämpfe zu Stande gebracht. Haben die chemischen Verbindungen einige Zeit geleuchtet, so regnen sie herab gegen das Innere, wo allmählig wieder bei zunehmender Hitze die Reduktion beginnt. In den heißesten Schichten vollführt sich die vollständige Zersetzung. So könnte eine begrenzte Menge Sauerstoff ausreichen, um das Spiel der Zersetzungen und Verbindungen zu unterhalten. In der Photosphäre selbst, wo die chemische Wirkung plötzliche Verdichtungen mit Freiwerden ungeheurer Wärmemengen bedingt, ist die Zersetzung so nahe bei der Verbindung, daß ich mir jedes Molekul dieser feurigen Wolken momentan umgeben von einer Schicht seiner eigenen Elemente im freien gasförmigen Zustand umgeben denke: diesen kleinen Atmosphären, welche weniger heiß sind, als die feste Materie, die sie einhüllen, schreibe ich einen Hauptantheil an der Absorption zu, durch welche die Spektrallinien der Sonne entstehen."

Zöllner rechtfertigt seine Ansicht von der Schlackenbildung, indem er von den Kirchhoff'schen Sätzen ausgeht, daß die Sonne ein glühender starrer oder flüssiger Körper sei, umgeben von einer Atmosphäre von etwas niedrigerer Temperatur und daß die Bildung der dunkeln Linien des Sonnenspektrums hauptsächlich in Schichten vor sich gehen, welche in gewisser Höhe über der Oberfläche der Sonne sich befinden. Daraus folge sogleich, daß in den untern Schichten der Sonnenatmosphäre eine Nebel- und Wolkendecke vorhanden sei. Diese Wolken werden aber kaum wahrnehmbar sein, da sie nahe dieselbe Temperatur wie die Sonnenoberfläche besitzen. Dunkle Flecken, die Wochen und Monate lang gesehen werden, können nur durch dauernde Temperaturerniedrigung entstehen. Eine solche Temperaturerniedrigung kann entweder durch Leitung oder durch Strahlung erfolgen. Da die äußern Schichten die kühlern sind, so müßte die Abkühlung durch Leitung, durch absteigende Luftströme geschehen, wie die englischen Astronomen annehmen. Zöllner hält diese Ursache allein für nicht ausreichend. Es bleibt somit nur die Ausstrahlung übrig und diese wird überall da wirken, wo die Wolkendecke zum Theil oder vollständig fehlt. Die schlackenartigen Abkühlungsproducte liegen tiefer als die leuchtende Wolkendecke, und bilden die Kerne der Sonnenflecken. Ueber diesen abgekühlten Stellen entstehen absteigende Luftströme, welche um die Küste der Schlackeninseln eine Circulation der Atmosphäre einleiten, der die Höfe ihren Ursprung verdanken. Sie erscheinen uns weniger leuchtend, weil sie kühler sind, als die übrige Wolkendecke und trichterartig vertieft durch ihre absteigenden Bewegungen.

Die spektroskopische Beobachtung der Sonnenflecken hat im Allgemeinen das gleiche Spektrum, wie das der Sonne gegeben, so daß sie also nur als dunklere Theile der Sonnenoberfläche zu betrachten sind und es spricht dies am meisten für Zöllner's Schlackentheorie. Viele der Linien im Spektrum der Sonnenflecken erscheinen breiter und dunkler als im Sonnenspektrum, einige sind nur einseitig erweitert und auch ganz neue Linien treten auf. (Vergleiche die D Linien in Fig. 20. Der mittlere horizontale dunklere Streifen rührt von einem Sonnenflecken her; oben und unten ist das Spektrum der hellen Sonnenoberfläche.) Die Astronomen von Bothkamp, Vogel und

Lohse, schreiben dies einer erniedrigten Temperatur über den Flecken zu, bei welcher Elementarstoffe vorübergehend chemische Verbindungen eingehen können, die jene besonderen Linien erzeugen. Daß die Sonnenflecken im Allgemeinen dasselbe Spektrum geben, wie die Sonne, scheint ein gewichtiger Einwand gegen die Theorie, daß die Sonne ein Gasball sei. Denn wenn man durch eine Oeffnung der Photosphäre den gasigen Kern sieht, so kann wohl ein Licht mit continuirlichem Spektrum nicht von ihm ausgehen, das durch Absorption dunkle Linien zeigen würde. Denn Gase geben ja kein continuirliches Spektrum, man müßte nur annehmen, daß alle denkbaren Gase in dem Sonnenkern vereinigt seien und daß diese Gase in ihrer Vereinigung Licht von allen möglichen Schwingungsdauern aussenden. Man hat sich jedoch in anderer Weise zu helfen gesucht: Rayet läßt die Photosphäre aus festen oder flüssigen Theilen in starker Zertheilung bestehen, sie ist heller als die äußere absorbirende Atmosphäre. Dringt ein warmer Strom von oben nach unten, so löst er die Wolkenschichte über der Photosphäre, es entsteht eine besonders helle Stelle, eine Fackel; dringt er noch weiter, so kühlt er die heißere Photosphäre ab und gibt einen Flecken.

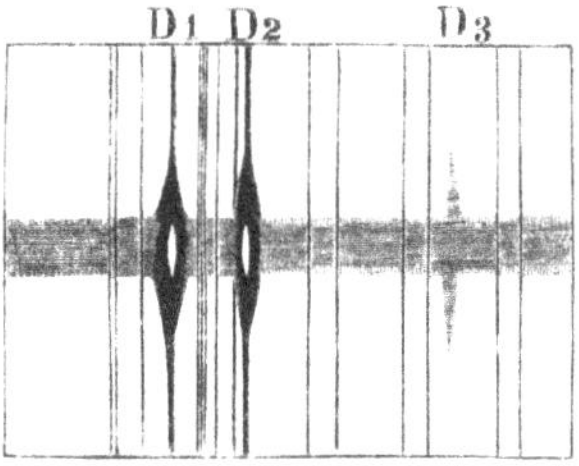

Fig. 20.

Nach dem jetzigen Stand unseres Wissens läßt sich jede der beiden Theorien vertheidigen; so lange man über die Temperaturen nicht im Klaren ist, so lange die Be=

deutung der verschiedenen Spektra desselben Stoffs nicht festgestellt und so lange die Erscheinung der Verbreiterung, namentlich der einseitigen Verbreiterung der Spektrallinien nicht auf ihre wahre Ursache zurückgeführt ist, kann immer wieder irgend eine mögliche Ursache angeführt werden, kann insbesondere die Dissociation, die chemische Zersetzung und Neubildung zu Hilfe gerufen werden, wenn einfache physikalische Gesetze nicht ausreichen.

Etwas sicherer sind wir, wenn wir uns von der Sonnenoberfläche weiter entfernen. Wir müssen hier zunächst auf die Schicht stoßen, in welcher hauptsächlich die Bildung der Fraunhofer'schen Linien vor sich geht, auf die sogenannte Chromosphäre. Sie muß die Fraunhofer'schen Linien hell zeigen, doch kann jedenfalls die Absorption verschiedener Linien in verschiedener Höhe über der Oberfläche vor sich gehen, darüber hat die Beobachtung zu entscheiden. Ueber der Chromosphäre sind dann noch die Protuberanzen zu suchen, die seit der totalen Sonnenfinsterniß im Jahre 1868 regelmäßig beobachtet werden.

Es gelang zuerst bei Sonnenfinsternissen, wenn sie total waren, wenn also der Mond die Sonnenscheibe vollständig bedeckte, eigenthümliche rothe Hervorragungen wahrzunehmen, auf dem Grunde der sogenannten Korona, eines hellen Scheins, der sich mit ganz unbestimmter Form nach außen hin erstreckt. Es sind lokale Anhäufungen und Erhebungen einer die ganze Sonne umgebenden roth gefärbten Hülle von nicht unbedeutender Dicke. Das Spektroskop zeigte, daß das rothe Licht dem Wasserstoff zugehöre, es zeigte die drei charakteristischen Linien desselben, wie zuerst Janssen bei der totalen Sonnenfinsterniß vom 18. August 1868 nachwies. Wäre man bei dieser Beobachtungsweise stehen geblieben, so hätte man jedesmal eine totale Sonnenfinsterniß abwarten müssen, ehe man von Neuem hätte beobachten können und die Zeit zu gründlicher Erforschung wäre ungemein beschränkt gewesen, da die Totalität einer Finsterniß für einen gegebenen Ort höchstens einige Minuten dauert. Aber Janssen und Lockyer fanden unabhängig von einander eine Methode, die Sonnenatmosphäre auch unter gewöhnlichen Umständen zu beobachten.

Für gewöhnlich sieht man Protuberanzen und Korona nicht, weil sie gegenüber der Sonnenscheibe zu schwach leuchten, sie zeigen sich erst, wenn die Sonne vom Monde bei den sogenannten Sonnenfinsternissen bedeckt wird. Der nächste Gedanke wird nun sein, eine künstliche Bedeckung der Sonnenscheibe anzuwenden, um das Auge vor ihrem Glanze zu schützen, also etwa vor die Sonnenscheibe eine undurchsichtige Scheibe so zu halten, daß sie gerade bedeckt wird; dann sollen die Protuberanzen erscheinen. Allein dabei ist nicht berücksichtigt, daß bei Sonnenbedeckungen auch der Erdatmosphäre das Licht entzogen wird, bei jener künstlichen Bedeckung nicht. Die leuchtende Kraft der Erdatmosphäre überwiegt aber gegenüber der der Protuberanzen; das Himmelsblau ist heller, als Korona und Protuberanzen.

Wenn man dagegen in einem Spektroskop eine Combination von Prismen anwendet, welche sehr stark zerstreuen, und die Spalte gegen den Sonnenrand hält, so werden alle Strahlen einer bestimmten Schwingungsdauer ein Bild der Spalte geben mit der der Schwingungsdauer entsprechenden Farbe, welches eben so hell ist, wie bei kleiner Zerstreuung. Denn alles Licht von gleicher Schwingungsdauer erleidet eine und dieselbe Ablenkung. Das Licht des Himmelsblau dagegen enthält alle möglichen Schwingungsdauern (abgesehen von dem Licht der Fraunhofer'schen Linien, da es ja reflektirtes Sonnenlicht ist), es wird also bei stark zerstreuendem Spektroskop auf eine große Fläche ausgebreitet. Somit hat man es ganz in der Hand, Licht von bestimmter, einziger Schwingungsdauer auf hellem oder dunkelm Grund des Himmelsblau erscheinen zu lassen. Je stärker die Zerstreuung des Prisma, desto dunkler wird der Grund sein, auf dem jenes einfarbige Licht erscheint. Nun ist allerdings das Licht der Protuberanzen nicht einfach, sondern mehrfach, aber die rothe Linie ist in seinem Spektrum entschieden vorherrschend. Mit stark zerstreuenden Prismen wird man also im Stande sein, jenseits des Sonnenrands ein Spektrum zu erhalten, welches die helle rothe Wasserstofflinie und bei der stärksten Zerstreuung auch die andern Wasserstofflinien auf verhältnißmäßig dunkelm Grunde sehen läßt.

Auf diesem Wege war es möglich, wenn man die Spalte des Spektroskops radial stellt, d. h. in Richtung eines Sonnenhalbmessers, und den Anfang der Spalte noch in die Sonnenscheibe selbst hineinragen ließ, zugleich das Spektrum des Sonnenlichts und der Protuberanzen zu erhalten, und wie sich dann sogleich zeigte, auch das der Chromosphäre. Die Figur 21 zeigt, was dann zu sehen ist, unten das Spektrum des Sonnenlichts mit den Fraunhofer'schen Linien, darüber ein Spektrum mit einzelnen hellen Linien. Unter diesen ragen die Linien des Wasserstoffs hervor, die den Fraunhofer'schen Linien C, F, G und h und einer weiteren in der Nähe von D liegenden Linie entsprechen (die letztere ist in dem Sonnenspektrum, weil schwach, nicht gezeichnet). Es zeigen sich aber auch noch kürzere Linien, z. B. Linien, die den D Linien entsprechen, also Natrium anzeigen, andere, die auf Magnesium hinweisen und ziemlich kurze Eisenlinien. Wenn die Linien bei der Lage der Spalte — in der Richtung eines Sonnenhalbmessers — kurz erscheinen, so zeigt dies, daß die betreffenden Gase nicht soweit über die Sonnenoberfläche hinausgehen, als der Wasserstoff. Der letzte ist

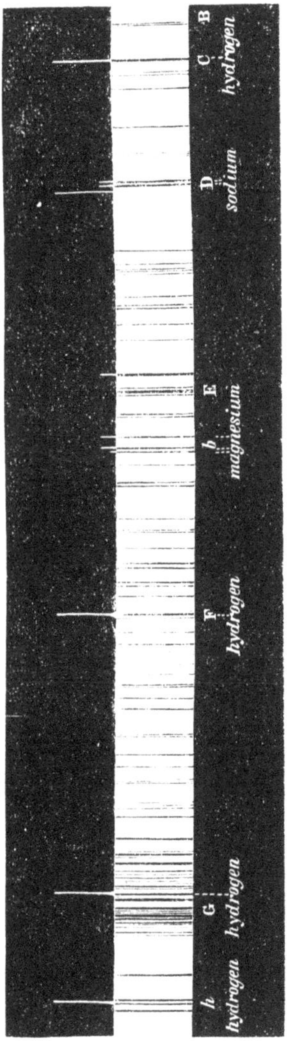

Fig. 21.

der specifisch leichteste, wird also auch in der Sonnenatmosphäre am höchsten sich erheben können.

Man fand so mehr und mehr helle Linien in der Chromosphäre und damit mehr und mehr eine Bestätigung des Kirchhoff'schen Satzes über die Entstehung der Fraunhofer'schen Linien. Am weitesten wurden diese Untersuchungen in Nord-Amerika durch Young gefördert. Er wählte zu seinen Beobachtungen die Monate Juli und August auf einer recht hoch gelegenen Station — Shermann im Wyoming-Territorium, 8300 Fuß hoch — um die reinere Luft in der Höhe zu haben. Schon im Jahre 1872 hat er die Zahl der hellen Linien der Chromosphäre auf 273 gebracht. „Alles, was ich sah", sagt er, „bestätigt meine Ansicht, daß die Quelle der dunkeln Linien an der Basis der Chromosphäre liegt, und daß die Möglichkeit, sie alle in irgend einem Momente umgekehrt zu sehen, nur von der Kraft des Instrumentes und von dem Zustand der Atmosphäre abhängt." „Kräftige Instrumente an hohen Punkten in einer reinen Atmosphäre aufgestellt, werden die Wissenschaft mehr bereichern als langjährige Arbeit mit denselben Apparaten auf tiefen trüben Stationen."

Thatsache ist somit, daß in einer Schichte, welche nahe über der Oberfläche der Sonne lagert, die Gase sich befinden, welche durch ihre Absorption die Fraunhofer'schen Linien hervorbringen, wahrscheinlich nach dem specifischen Gewichte geordnet; am meisten in die Höhe steigt der Wasserstoff. Nächst dem Wasserstoff scheint Magnesium am häufigsten vorzukommen, Tacchini hat es zuweilen längs des ganzen Sonnenrands wahrgenommen, besonders zu Zeiten, wo die Protuberanzen schwach waren. Will man die Form der Chromosphäre, insbesondere die Protuberanzen längs des ganzen Sonnenrands beobachten, so kann man eine von Zöllner angegebene Methode anwenden, die darin besteht, daß man im Fernrohr durch eine Kreisscheibe das Bild der Sonne abblendet und mit einem Spektroskop ohne Spalte beobachtet. Da der Wasserstoff jedenfalls Hauptbestandtheil ist, so sieht man ein rothes, ein grünes und ein blaues Bild der Chromosphäre und bei starker Zerstreuung kann man die einzelnen Bilder isoliren. Das schädliche Licht des Himmelsblau wird so stark zerstreut, daß es gegen die Farben des Wasserstoffs verschwindet. Lockyer und Seabroke haben diese Methode praktisch benützt, und suchen darnach Photographien der Chromosphäre zu erhalten.

Die Protuberanzen, über die gewöhnliche Grenze der Chromosphäre hervorragende Wasserstoffflammen, zeigen, daß in der Chromosphäre fortwährend die heftigsten Bewegungen vor sich gehen. Bis zu 6000 Meilen erheben sich solche Ausbrüche von Wasserstoff mit Geschwindigkeiten, die 20 Meilen und mehr betragen. (Fig. 22.) Die mittlere Höhe der Chromosphäre scheint etwa 10,000 Meilen zu betragen, im untern Theil ist die Dichtigkeit, wie zu erwarten, größer, die blaue Wasserstofflinie (F) zeigt dort eine Verbreiterung. Nach den Untersuchungen Wüllner's über die Verbreiterung der Spektrallinien mit Aenderung des Drucks ließe sich ungefähr schließen, daß die Drücke unten und oben in der Chromosphäre zwischen 2000 und 1 Millimeter liegen. Da nun die Geschwindigkeit hervordringender Gasmassen wesentlich von diesen Drücken abhängen wird, und da die Geschwindigkeit bekannt ist, so läßt sich daraus auf die Wärmemenge schließen, welche beim Emporschleudern der Massen in Arbeit verwandelt wird und damit auf die Temperatur an der Stelle, wo die Protuberanzen ausbrechen. Zöllner findet dafür etwa 60000 Grade, bedeutend weniger als Secchi durch unbestimmte Voraussetzungen gefunden hat, die ihn zu Millionen von Graden führten. Wie die Protuberanzen

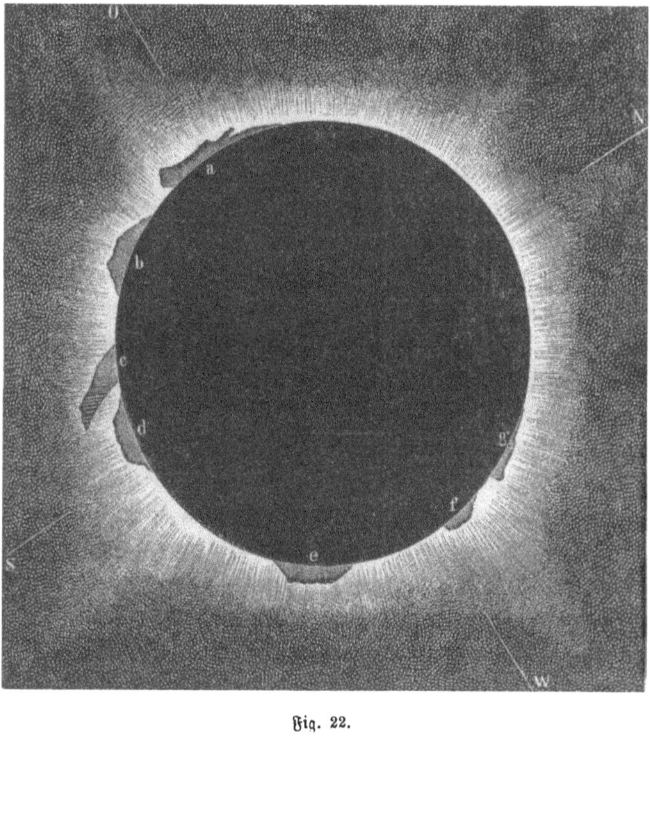

Fig. 22.

sich bilden, erklärt Zöllner in den Worten: „Betrachtet man die Sonne als glühende flüssige Masse, welche mit einer dichten Hülle von Dämpfen und Gasen umgeben ist, die sich, entsprechend dem Dalton'schen Gesetz, gegenseitig durchdringen, so wird ein Theil der Gase, z. B. des Wasserstoffs, nach Maßgabe des Drucks an der Basis der Atmosphäre von der glühend-flüssigen Oberfläche absorbirt werden. Bestände z. B. die Atmosphäre unserer Erde aus Kohlensäure von einigen Atmosphären Druck, so würden die Oberflächen der Meere aus kohlensaurem Wasser bestehen, aus welchem bei lokaler Steigerung der Temperatur oder Verminderung des Drucks ein Theil des absorbirten Gases in Form von Gasblasen an der betreffenden Stelle entweichen muß, um das in der Atmosphäre gestörte Gleichgewicht wieder herzustellen. Könnten diese Ströme kohlensauren Gases sichtbar gemacht werden, so würden sie uns wahrscheinlich durch die Analogien in ihrer Form und Häufigkeit an die Protuberanzen der Sonne erinnern."

Bei der Annahme, daß die Sonne eine glühende Gasmasse sei, erklärt sich Faye die Entstehung der Protuberanzen aus einer großartigen „Circulation des Wasserstoffs in der Sonne." Wirbelstürme herrschen auf der Sonne, welche durch Aspiration höhere, kühlere Schichten mit Wasserstoff, Metalldämpfen u. s. w. ins Innere hineinziehen. Ist der Wasserstoff mit hinabgezogen in viel dichtere Schichten, so wird er seitlich auszuweichen suchen, und am Umfang des Wirbels in die Höhe steigen. „Er dringt, die Metalldämpfe aus den tiefen Schichten mit sich reißend, in die Chromosphäre mit einer Geschwindigkeit, welche wegen der hohen Temperatur sich noch beschleunigt, und schießt hinaus über die rosige Schicht als Feuerzungen, als Flammen oder als Protuberanzen."

Und nun bleibt uns aus dem weiten Gebiete, das die Spektralanalyse in der Kenntniß der Sonne uns aufgeschlossen hat, noch eine eigenthümliche Erscheinung übrig, die Korona. (Fig. 22.) Bei totalen Sonnenbedeckungen zeigt sich um den Mond und die Sonne ein Ring, dessen Erhebung über die Ränder beider 5 bis 6 Minuten beträgt, also wenn er, was wahrscheinlich ist, der Sonne angehört, etwa den sechsten Theil des Sonnendurchmessers oder 300000 Meilen. Ueber den Ring hinaus zeigt sich aber noch Licht in sehr verschiedener Farbe, mit Strahlen, ruhend oder bewegt. Die Beobachtungen ergaben, daß das Licht der Korona polarisirt sei und daß ihr Spektrum eine deutliche grüne Linie zeige, welche keinem bekannten irdischen Stoff angehört.

Unter polarisirtem Licht versteht man solches, dessen Schwingungen vorzugsweise in einer bestimmten Ebene vor sich gehen. Vollständig polarisirt ist Licht, das nur Schwingungen einer bestimmten Richtung aussendet, theilweise polarisirtes, das neben solchen Schwingungen auch andere mit verschiedenen Richtungen enthält. Unser Auge hat keinen Sinn für die Richtung der Schwingungen des Lichts, ob sie in horizontaler oder vertikaler Ebene oder schief vor sich gehen. Das gewöhnliche Licht enthält Schwingungen, die nach allen möglichen Richtungen stattfinden, nicht wohl gleichzeitig, aber in so kurzen Zeiträumen wechselnd, daß dadurch die gleiche Wirkung hervorgebracht wird, als ob jederzeit alle möglichen Schwingungsrichtungen stattfänden. Wir dürfen nur daran denken, daß alle Lichtarten Billionen von Schwingungen in der Sekunde ausführen und daß das Auge einen gewordenen Eindruck während einer Zehntel-Sekunde dauernd erhält. Wenn also etwa jede Milliontel-Sekunde die Richtung der Schwingungen wechselt, so kann das Auge zugleich Schwingungen von hunderttausend verschiedenen Richtungen empfinden. Aber alle diese Schwingungen von verschiedenen Richtungen machen auf das Auge keinen andern Eindruck, als ebenso viele Schwingungen, die alle nach gleicher Richtung vor sich gehen. Es ist darum nöthig besondere künstliche Mittel anzuwenden, um nachzuweisen, daß das Licht polarisirt ist. Insbesondere tritt diese Polarisation ein, wenn Licht zurückgeworfen wird; und wenn sonach das Licht der Korona polarisirt ist, so müssen wir annehmen, daß die Korona nicht selbst leuchtet, sondern fremdes Licht, also wohl Sonnenlicht zurückwirft.

Da aber das Spektrum deutlich eine helle Linie zeigt, so muß die Corona auch eigenes Licht besitzen. Die grüne Linie wurde von der Sonne weg weiter verfolgt um eine Strecke, welche den Halbmesser der Sonne übersteigt. Es scheint, daß sich hier ein unbekanntes Gas befindet in sehr starker Verdünnung. Die Linie scheint mit einer Eisenlinie zusammenzufallen, die aber im Spektrum sehr schwach ist. Sollte es sich um Eisendämpfe handeln, die dort in äußerster Verdünnung enthalten sind? Die Linie trägt nach Kirchhoff's Skala die Zahl 1474 und wurde immer wieder bei allen folgenden Sonnenbedeckungen beobachtet. Es scheint jetzt, daß die Corona erstens Licht von der Sonne reflektirt, zweitens mit eigenem Licht leuchtet, welches die Wasserstofflinien und jene grüne Linie enthält.

Weiteres ist vorerst von der Korona nicht bekannt. Merkwürdig ist, daß dieselbe grüne Linie überall in den meteorologischen Erscheinungen auftritt, die wir später zu betrachten haben werden.

Nachdem das Spektroskop Aufschlüsse über die Stoffe, welche die Atmosphäre der Sonne enthält, gegeben hatte, war es natürlich, auch nach den andern Himmelskörpern sich umzusehen. Es war zunächst zu erwarten, daß die Körper unseres Sonnensystems dasselbe Spektrum geben werden, wie die Sonne selbst, denn sie werfen ja nur das Sonnenlicht zurück. Dazu mußte aber noch die Einwirkung der eigenen Atmosphäre kommen, wenn eine solche vorhanden war.

Vogel fand bei den mit bloßen Augen sichtbaren Planeten in der That die hauptsächlichsten Fraunhofer'schen Linien, aber mehr oder weniger modificirt oder außerdem noch neue, was auf den Einfluß einer Atmosphäre schließen ließ. Venus, Jupiter und Uranus zeigten sehr deutlich diesen Einfluß, Mars nur in geringem Grade. Das Spektrum des Mondes stimmt in allen Theilen vollkommen mit dem der Sonne, ein neuer Beweis dafür, daß der Mond keine Atmosphäre hat. Die Atmosphäre der Venus enthält jedenfalls Wasser und die des Mars scheint reich an Wasserdampf zu sein. Auch Jupiter zeigt Wasserdampf in seiner Atmosphäre und ebenso Saturn, wogegen der Ring des letzteren nahezu ohne Atmosphäre zu sein scheint. Das Spektrum des Uranus scheint mit dem des Neptun identisch zu sein, doch lassen sich bei der Schwäche des Lichts Fraunhofer'sche Linien nicht erkennen.

Ganz neue Resultate treten bei den Himmelskörpern

außerhalb unseres Sonnensystems oder solchen, die nur zeitweise in unser System eintreten, auf. Hier gibt es Körper, deren Spektrum continuirlich ist mit dunkeln Linien, also dem Sonnenspektrum entsprechend: es sind dies die Fixsterne; andere, welche ein Spektrum heller Linien zeigen, also aus glühenden Gasmassen bestehen, so verschiedene Nebel und Nebelflecke, und insbesondere die Kometen. Das Spektroskop gibt ein einfaches Mittel, zwischen auflöslichen und unauflöslichen Nebeln zu unterscheiden. Wenn noch Herschel der Ansicht war, daß alle Nebel auflöslich seien, d. h. mit recht lichtstarken Instrumenten schließlich in eine Masse einzelner Sterne sich trennen lassen, so wissen wir jetzt, daß es Nebel gibt, welche nicht aus einzelnen Sternen bestehen, sondern aus einer Gasmasse, die vielleicht später zu einem starren oder flüssigen Körper sich verdichtet, wie wir das Sonnensystem nach Kant und Laplace aus einem ursprünglichen Gasball entstanden uns denken.

Es sind hauptsächlich zwei Männer hier zu nennen, welche sich um die Sternspektroskopie Verdienste erworben haben, Huggins durch seine sorgfältigen Bestimmungen der Einzellinien und Secchi durch seine vielfachen Beobachtungen und Einreihung derselben in bestimmte Typen. Die Zahl der hiezu nöthigen Beobachtungen ist freilich so groß, daß von einem Abschluß die Rede nicht sein kann. Ein allgemeiner Ueberblick wird erst nach Jahren möglich sein. Immerhin aber wird es von Interesse sein, einzelne Resultate kurz anzuführen.

Nach den ersten Untersuchungen von Secchi sind es 4 Typen, die man bei den Fixsternen unterscheiden kann,

Typen, welche auch räumlich von einander geschieden sind. Im Sternbild der Leyer, des großen Bären, des Stiers herrscht der erste Typus, dessen Repräsentanten Sirius und Wega sind. Sie zeigen die grüne und blaue Linie des Wasserstoffs, die rothe nicht, enthalten also nach Versuchen Plücker's wahrscheinlich sehr verdünnten Wasserstoff in ihren Atmosphären. Außerdem erscheinen eine große Anzahl sehr feiner Linien mit verhältnißmäßig gleichmäßiger Vertheilung derselben. Es wird daher keine Farbe besonders geschwächt, die Sterne erscheinen weiß. Zum zweiten Typus gehört unsere Sonne: Magnesium, Natrium und Eisen herrschen vor. Die Sterne im Wallfisch, Eridanus und Drachen gehören ihm vorzugsweise an. Der dritte Typus ist im Sternbild des Hundes, des Hasen und im Orion zu suchen. Sie haben Spektra mit breiten dunkeln Stellen, welche sich bei starker Vergrößerung in sehr feine Linien auflösen lassen. Dieser Typus ist schwach vertreten. Noch seltener ist der vierte Typus, er gehört kleinen Sternen von blutrother Farbe an; aus drei Hauptzonen, einer rothen, grünen und blauen, besteht das Spektrum. Eine weitere Klasse von Sternen zeigt helle Linien auf dem Grund eines continuirlichen Spektrums, insbesondere die Wasserstofflinien; es scheinen Sterne zu sein, auf welchen großartige Verbrennungen stattfinden oder vielmehr stattgefunden haben, da wir wegen der Verspätung des Lichts nur die Vergangenheit sehen.

Vogel schlägt dagegen eine andere Eintheilung der Sterne vor, welche von dem Gesichtspunkte ausgeht, daß sich im Allgemeinen in den Spektren die Entwicklungsphase des betreffenden Weltkörpers abspiegle. Es lassen sich dann drei ganz vorzüglich geschiedene Klassen aufstellen, nämlich:

1) Sterne, deren Glühzustand ein so beträchtlicher ist, daß die in ihren Atmosphären enthaltenen Metalldämpfe nur eine überaus geringe Absorption ausüben können, so daß entweder keine oder nur äußerst zarte Linien im Spektrum zu erkennen sind.

2) Sterne, bei denen ähnlich wie bei unserer Sonne die Metalle, welche in ihren Atmosphären enthalten sind, durch kräftige Absorptionslinien im Spektrum sich kundgeben (gelbe Sterne).

3) Sterne, deren Glühhitze so weit erniedrigt ist, daß Associationen der Stoffe, welche ihre Atmosphäre bilden, eintreten können, welche, wie neuere Untersuchungen ergeben haben, stets durch mehr oder weniger breite Absorptionsstreifen charakterisirt sind. Dies sind die rothen Sterne.

In die dritte Klasse würden dann die zwei Typen Secchi's, die dritte und vierte, fallen. In die erste Klasse würden die rein weißen Sterne, Sirius, Wega und andere, gehören, ferner die Sterne β, γ, δ, ε im Orion, die gar keine Wasserstofflinien zeigen, und endlich auch diejenigen Sterne, in welchen die Wasserstofflinien hell erscheinen (β Lyrae und γ Cassiopejae). In die zweite Klasse kommen Sterne, wie Capella, Arctur, Aldebaran und unsere Sonne, mit kräftigen aber feinern Wasserstofflinien. In der dritten Klasse treten dunkle Banden auf, hieher gehören α Herculis, α Orionis und β Pegasi.

Damit würde die Kosmogonie von Kant und Laplace, die zunächst auf unser Sonnensystem berechnet war, auch auf andere Fixsterne ausgedehnt. Vom Stadium des höchsten Weißglühens wird jeder Fixstern in Folge von Wärmeverlust durch Ausstrahlung übergehen in einen Zustand, wo die Atmosphäre dichter und kühler wird, bis schließlich nur noch ein Rothglühen und schwacher Druck in der Atmosphäre vorkommt. Das nächste wäre das Verschwinden des Sterns, weil er nur noch dunkle Wärmestrahlen aussendet. Ein solcher Stern könnte nicht mehr gesehen werden, weil er dunkel ist, aber immerhin könnte man auf sein Dasein schließen können, wenn er mit einem andern zu einem Doppelstern verbunden ist.*)

Was die Nebel betrifft, so machte Huggins zuerst die Beobachtung, daß sie helle Linien zeigen, von denen meist eine oder mehrere dem Wasserstoff angehören. Vogel hat im Orionnebel drei Linien mit den Wellenlängen 500, 496 und 486 bestimmt. Die letzte fällt mit einer Wasserstofflinie zusammen. (Fig. 23.) Einige andere Nebel zeigten dieselben drei Linien, während der Sternhaufe im Herkules entschieden ein continuirliches Spektrum gab. Huggins glaubt, daß von den andern Linien eine Stickstoff, die zweite vielleicht Eisen anzeige. Eine große Schwierigkeit ist die Lichtschwäche aller dieser Objekte.

Bei Kometen kam Huggins zu dem Resultate, daß sie im Ganzen das Spektrum des Kohlenstoffs zeigen, drei helle Banden, von denen die mittlere am hellsten ist. (Fig. 24.) Der Komet II vom Jahre 1868, der Enckesche Komet, der Komet I 1871 zeigen alle ein ganz ähnliches

---

*) Vergl. Himmel und Erde des Verfassers p. 59.

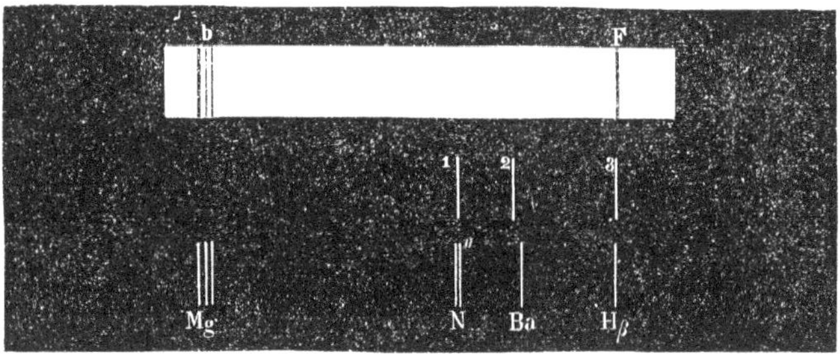

Fig. 23.

Spektrum. Damit stimmt die Beobachtung von Young. Auch Vogel bestätigte diese Resultate und dehnte die Beobachtung noch auf den Tuttle'schen Kometen aus, der ein gleiches Spektrum zeigte; doch stimmte das Spektrum nicht ganz mit dem des Kohlenstoffs, wenigstens nicht mit dem des Benzin's, außer etwa der dritte Streifen. Neue spektralanalytisch untersuchte Kometen vom Jahr 1864 bis 1871 zeigten durchweg drei helle Streifen, aber keine gute Uebereinstimmung mit dem Kohlenstoff-Spektrum, daher zweifelte Vogel an der früher geäußerten Ansicht, daß die Kometen brennende Kohlenwasserstoffe, große Erdöl- oder Gaslichter seien. Das Jahr 1874 gab Gelegenheit, an einem größern, lichtstärkern Kometen, dem von Coggia, Beobachtungen zu machen, und durch diese Beobachtungen wurde es sehr wahrscheinlich, daß Kohlenwasserstoff der wesentliche Bestandtheil der Kometen ist. Auch dieser Komet zeigte die drei hellen Linien, welche sonach für alle Kometen charakteristisch zu sein scheinen, und nach den übereinstimmenden Berichten der meisten Beobachter scheint es sich um Kohlenwasserstoffe zu han-

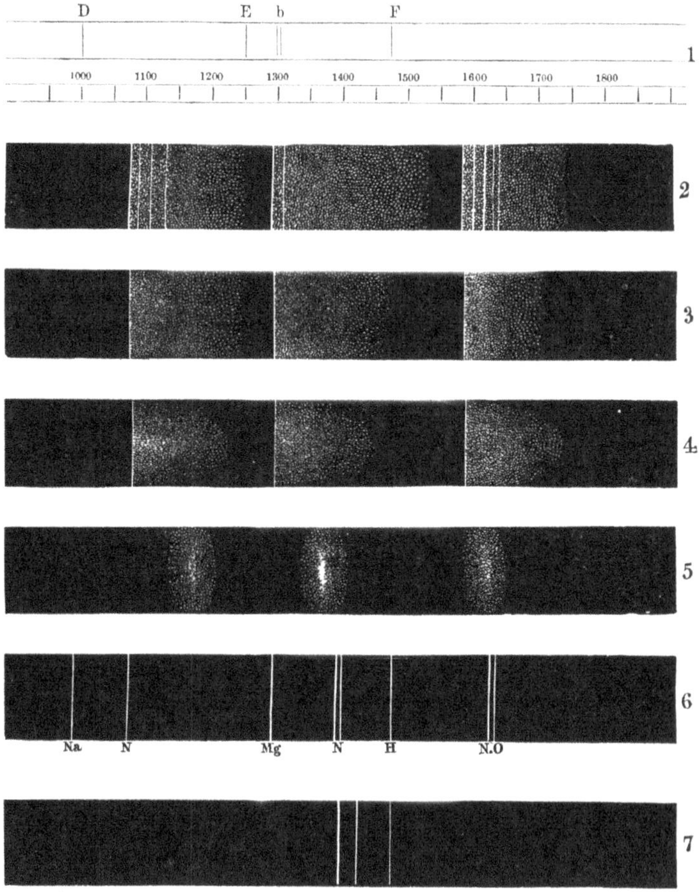
D
E
b
F
1
1000
1100
1200
1300
1400
1500
1600
1700
1800
2
3
4
5
6
Na
N
Mg
N
H
N.O
7

Fig. 24.

deln, welche hier leuchten. Auch Vogel theilt nun diese Ansicht. Auffallend ist es jedenfalls, wenn bei allen bis jetzt spektroskopisch beobachteten Kometen immer drei helle Banden, freilich ziemlich verwaschen, auftreten: wenn auch die Lage der Banden schwer zu bestimmen ist, so scheint doch jene Regelmäßigkeit darauf hinzuweisen, daß alle diese Kometen aus gleichem Stoff bestanden haben.

Noch bleibt uns ein merkwürdiger Erfolg übrig, den die Spektroskopie in der Sternenwelt errungen hat. Die Aetherschwingungen, die von einem leuchtenden Körper ausgehen, haben bestimmte Schwingungsdauern, je nach der Art des ausgesendeten Lichts. Die Schwingungsdauer eines ausgesendeten Lichtstrahls bleibt unter allen Umständen gleich, mag das Licht zurückgeworfen oder gebrochen werden, und darnach bleibt auch die Farbe dieselbe, wenn es sich um homogenes Licht handelt, sie kann nur in ihrer Intensität wechseln. Von zusammengesetzten Lichtarten können einzelne Farben mehr als andere beim Zurückwerfen oder Brechen absorbirt werden, so daß sich die Mischfarbe ändert. Wenn man aber das Licht prismatisch untersucht, so besteht die Aenderung nur darin, daß einzelne homogene Farben mehr geschwächt sind durch Absorption als andere. Das heißt mit andern Worten, das Spektrum jeder Lichtart bleibt gleich bei allen Zurückwerfungen und Brechungen, mit dem einzigen Unterschied, daß die Intensität an verschiedenen Stellen des Spektrums verschieden sich ändern kann. Das Spektrum der Sonne z. B. behält seine dunkeln Linien, durch welche Prismen auch es gehen mag und wie oft es zurückgeworfen und gebrochen sein mag. Aber Morgens und Abends z. B.

ist das Roth weiter nach der schwächer brechbaren Seite sichtbar, als Mittags; dagegen das Violet und Blau weniger lebhaft. Die Art des Spektrums bleibt, die Intensität im Einzelnen kann wechseln, die Farbe bleibt für jede Stelle des Spektrums, die Gesammtmischung kann sich ändern, wie z. B. das Sonnenlicht Morgens und Abends röther erscheint, als Mittags.

Die Schwingungsdauer und die Farbe eines homogenen Lichts bleibt also stets gleich. Dagegen ändert sich die Geschwindigkeit der Fortpflanzung von Mittel zu Mittel, sie ist am größten im leeren Raum, kleiner in Luft, noch kleiner in Flüssigkeiten, am kleinsten in starren Körpern. Damit ändert sich aber auch die Wellenlänge, wie wir früher sahen; die Wellenlänge im leeren Raum ist eine andere, als in Luft, in Flüssigkeiten und starren Körper und zwar in der Art, daß sie in gleichem Maaß abnimmt, in welchem die Fortpflanzungsgeschwindigkeit abnimmt. Wir haben deswegen gesehen, daß die Wellenlänge nichts Charakteristisches für eine bestimmte Lichtart ist, wenn man nicht ausdrücklich von der Wellenlänge im leeren Raum spricht. Endlich ändert sich auch die Brechung mit der Fortpflanzungsgeschwindigkeit, da der Brechungsquotient nichts anders ist, als das Verhältniß der Geschwindigkeiten des Lichts in den zwei Mitteln, von denen das eine den ankommenden, das andere den gebrochenen Lichtstrahl enthält.

Wenn nun die Lichtquelle, welche Aethertheilchen in Bewegung setzt, selbst in Bewegung ist, so wird die Fortpflanzung der Schwingungen größer oder kleiner sein, als die bei fester Lichtquelle, je nachdem die Fortpflanzung in gleicher oder in entgegengesetzter Richtung erfolgt in Bezug auf die Richtung der Bewegung der Lichtquelle. Würde sich die Lichtquelle mit dem Aether, der sie umgibt, bis zu dem Beobachter hin bewegen, so fände eine solche Aenderung der Fortpflanzungsgeschwindigkeit statt, weil der Aether dem Beobachter entgegen kommt. An einen solchen Vorgang ist aber nicht zu denken, da nicht einzusehen ist, warum der Aether in Umgebung eines Fixsterns allen Aether bis zum Beobachter hin mit sich fortreißen sollte. Bleibt der Aether ganz in Ruhe, so muß die Geschwindigkeit der Fortpflanzung sich deswegen ändern, weil in jedem Augenblick der leuchtende Körper sich nähert, also nicht dieselbe Zeit zum Uebergang des Lichts von ihm zum Beobachter nöthig ist, als bei fester Lichtquelle. Ob der Aether mit einem bewegten Körper sich fortbewegt oder ob er im Raum fest bleibt, darüber haben die Physiker bis heute noch nicht entschieden. Wenn aber ein Körper selbst leuchtet und die Aethertheilchen an seiner Oberfläche in Schwingung versetzt, so wird der Vorgang nicht viel verschieden sein von demjenigen, bei welchem der Körper in Bewegung, der Aether in Ruhe ist. Höchstens wird in der nächsten Nähe des Körpers der Aether in die Bewegung hineingerissen. Wenn sonach ein Stern beobachtet wird, der nicht in Ruhe ist, so wird die Geschwindigkeit, mit der das Licht zum Beobachter gelangt, kleiner oder größer sein um die Geschwindigkeit, mit der der Körper sich entfernt oder nähert. Denn wenn der feste Körper jetzt eine Aetherbewegung veranlaßt, die nach einer Minute etwa im Auge eine Bewegung des Aethers nach oben hervorbringt, und nach einer Billiontstel Sekunde eine andere, die eine Be=

wegung nach unten mit sich führt, so wird bei dem gegen das Auge bewegten Körper die Bewegung nach unten früher eintreten, d. h. es ist als ob die Geschwindigkeit des Lichts größer wäre und zwar um die Geschwindigkeit des Körpers, da das Frühereintreten um so früher erfolgt, je schneller sich der Körper bewegt.

Wenn aber sonach die Geschwindigkeit, mit der das Licht von einer Lichtquelle kommt, der Unterschied oder die Summe der Geschwindigkeiten ist, mit der sich das Licht und mit der sich der Körper im entgegengesetzten oder gleichen Sinne bewegt, so muß auch das von einem bewegten Körper kommende Licht anders gebrochen werden, als das von den festen herrührende. Die Farbe bleibt gleich, denn die Schwingungsdauer ändert sich ja nicht, aber der Brechungsquotient ändert sich, weil die Fortpflanzungsgeschwindigkeit eine andere ist. Das Licht wird also mehr oder weniger gebrochen. Man hat beobachtet, daß die Linie F des Sonnenspektrums in der Nähe eines Sonnenflecks nicht gerade, sondern theils gerade, theils gewunden, nach links und rechts ausgebogen erscheint. (Fig. 25.) Die Linie wird durch Wasserstoff hervorgerufen,

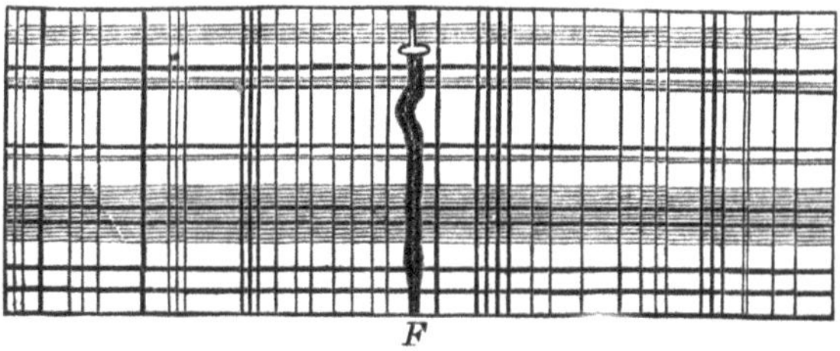

Fig. 25.

ist dieser in Bewegung von der Sonne weg, also gegen die Erde, so wird eine bestimmte Richtung der Schwingung früher eintreten, es ist als ob die Geschwindigkeit des Lichts größer wäre, es wird also stärker gebrochen. Wenn also die F Linie nach dem Violetten ausbiegt, so ist dies ein Beweis, daß der Wasserstoff gegen die Erde hin sich bewegt; biegt sie dagegen nach Roth aus, so fällt der Wasserstoff gegen die Sonne. Aus der Größe der Ausbiegung kann man auf die Geschwindigkeit des Wasserstoffs bei seiner Hebung und Senkung in der Sonnenatmosphäre schließen und hat auf diese Weise nicht selten 6 Meilen gefunden.

In anderen Fällen hat man beide Erscheinungen, bewegte und unbewegte Körper, nicht unmittelbar neben einander. Wenn ein Stern sich gegen uns bewegt, so geht seine ganze Atmosphäre mit, es werden also alle Linien gegen das Violette verschoben sein, das Spektrum aber dasselbe bleiben und entfernt er sich von uns, so erscheinen die Linien gegen Roth hin verschoben. Um in solchen Fällen die Größe der Verschiebung zu messen, gibt es zwei Mittel. Entweder läßt man durch die Spalte des Spektroskops außer dem Licht des Sterns noch das einer irdischen Lichtquelle eintreten, die fest mit dem Instrument verbunden ist, z. B. einer Geißler'schen Röhre, und beobachtet die Verschiedenheit der Lage entsprechender Linien. In Figur 26 ist der oberste Streifen ein Theil des Wasserstoffspektrums einer Geißler'schen Röhre, darunter kommt die dem Wasserstoff entsprechende Linie, wie sie bei Sirius erscheint; dann die Linie F im Sonnenspektrum und ganz unten die bei höherer Pressung erbreiterte und verwaschene Linie des Wasserstoffs. Oder verwendet man zwei Pris-

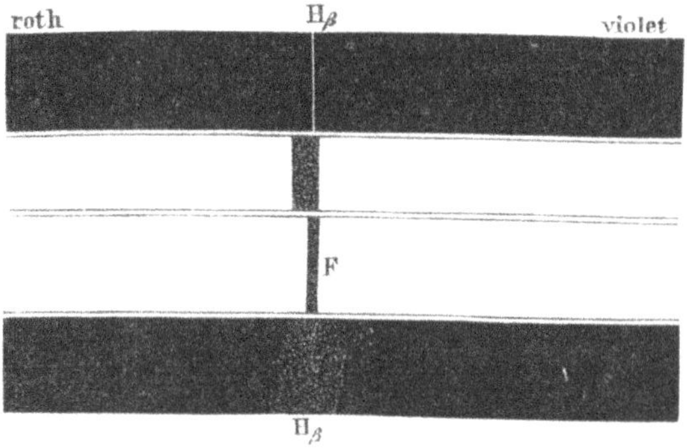

Fig. 26.

mensysteme im Spektroskope, welche das Licht nach entgegengesetzten Richtungen zerstreuen, also die Linien doppelt geben und bei stärkerer Brechung den Abstand entsprechender Linien vergrößern, bei schwächerer verkleinern. Das erste Verfahren hat Huggins praktisch erprobt und nach ihm Vogel. Das zweite hat Zöllner in seinem Reversionsspektroskop vorgeschlagen. Stellt man bei dem letzten durch schwache Drehung der Prismensysteme zunächst die von einer Natronflamme herrührenden Linien über einander, so daß die eine die Fortsetzung der andern ist, so haben alle andern Linien, z. B. die Linie F, durch die zwei Systeme gesehen, einen bestimmten Abstand von einander. Wird nun eine bewegte Lichtquelle betrachtet, so treten die Natriumlinien auseinander, die F Linien nähern sich oder entfernen sich und aus der Größe der Aenderung des Abstandes ergibt sich die Aenderung des Brechungsquotienten oder der Wellenlänge und damit der Geschwindigkeitsunterschied des Lichts, das vom festen, und dessen, das vom bewegten Körper ausgeht. Ein Uebelstand des letzten Instruments, dessen Grundgedanke ungemein einfach und sinnreich ist, besteht darin, daß Temperaturänderungen auch auf die Brechung in Prismen von Einfluß sind. Erleiden die Prismensysteme rasche oder gar ungleiche Temperaturänderungen, so kann damit große Unsicherheit des Resultats entstehen. Sichere Resultate scheint bis jetzt nur die Vergleichung des Sternspektrums mit dem einer fest mit dem Instrument verbundenen Lichtquelle zu geben. Doch gehören diese Bestimmungen immer noch zu den schwierigsten der Spektralanalyse, wir können deshalb bis jetzt nur wenige als sicher anführen.

Huggins fand folgende Resultate in geographischen Meilen, von denen die jeweilige Bewegung der Erde schon abgezogen ist, so daß die Bewegung die Annäherung oder Entfernung in Beziehung auf das Sonnensystem bedeutet:

Sirius 4 Meilen von der Sonne weg,
Beteigeuze (α orionis) 4,4 von der Sonne weg,
Rigel (β orionis) 3,0 von der Sonne weg,
Castor 5,0 von der Sonne weg,
Regulus 4,5 von der Sonne weg,
Arktur 11,0 gegen die Sonne,
Wega 10,0 gegen die Sonne,
Daneb 7,8 gegen die Sonne,
Pollux 9,8 gegen die Sonne.

Das Spektroskop löst hier eine astronomische Aufgabe, welche in anderer Weise kaum zu lösen sein wird. Die astronomischen Beobachtungen geben die Eigenbewegungen in der zur Gesichtslinie senkrechten Richtung, die spektroskopischen die in dieser Richtung selbst vor sich gehenden.

Auffallend ist eine Bemerkung von **Proktor**, daß nämlich die Sterne β, γ, δ, ϵ, ζ des großen Bären, welche nach den Beobachtungen der Astronomen eine gleiche Eigenbewegung zeigen, auch spektroskopisch untersucht alle eine gemeinsame Bewegung von der Sonne weg zeigen, während Stern α, der mit jenen nicht übereinstimmt, gegen die Sonne sich bewegt, so daß es scheint, daß jene 5 Sterne eine Gruppe bilden, der eine gemeinsame Bewegung zukommt. Auch bei Castor und Pollux, von denen jener sich entfernt, dieser sich nähert, weiß man, daß sie entgegengesetzte Eigenbewegungen haben.

Vogel hat für Wega 11,24 geographische Meilen gegen die Sonne, für Atair 10,4 gegen die Sonne gefunden, für den Orion-Nebel 3,6 Meilen.

Auch bei der Sonne konnte man Verschiebung der Spektrallinien beobachten, je nachdem man auf den rechten oder den linken Rand einstellt, daher rührend, daß sie sich um ihre Axe dreht, der eine Rand also sich nähert, der andere entfernt. Doch ist eine direkte Messung noch nicht gelungen, sie wäre von großem Interesse, um eine Probe für die Richtigkeit des ganzen Verfahrens zu erhalten. Ebenso kennt man bis jetzt keine Messung der Verschiebung der Spektrallinien bei den Planeten, die dem gleichen Zwecke dienen würde.

3. Meteorologischer Theil.

In der Atmosphäre der Erde vollziehen sich eine Reihe von Processen, welche auf der Zerstreuung des Lichts beruhen, ihre Erklärung ist bekannt und bedarf die Hilfe der Spektralanalyse nicht. Es sind die Erscheinungen des Regenbogens, der großen und kleinen Höfe um Sonne und Mond.*) Ueber die leuchtenden Erscheinungen beim Gewitter, die Blitze, sind die Naturforscher seit Franklin einig, daß sie nur elektrische Entladungen in der Atmosphäre sein können. Weniger klar ist das Wesen des Nordlichts und des Zodiakallichts, wenn wir dies überhaupt hierher rechnen dürfen. Außerdem bleibt noch die Erscheinung der Sternschnuppen, kleiner Körper, welche mit großer Geschwindigkeit in die Erdatmosphäre eintreten und in Folge des Widerstandes dieser lebendige Kraft verlieren, welche in Wärme übergeht. Die Dienste der Spektralanalyse werden uns hier überall willkommen sein, sei es zur Bestätigung der schon früher festgestellten Ansichten, sei es zur Aufhellung des immer noch Räthselhaften.

Vogel hat die hellen Linien im Spektrum des Blitzes gemessen, er fand eine schwache Linie von 534, eine ziemlich helle von 518, eine sehr helle von 500, eine helle von 486, und endlich ein breites, helles Lichtband zwischen 467 und 458 Milliontel Millimeter Wellenlänge. Die erste Linie kommt im Sauerstoff, die vierte im Wasserstoff vor, die zweite, dritte und fünfte im Spektrum des elektrischen Funkens, der durch atmosphärische Luft schlägt. Somit ist die Identität des Spektrums der Blitze mit dem durch gewöhnliche elektrische Entladungen in der Luft erzeugten Funkenspektrum als nachgewiesen zu betrachten. Die Sauerstoff- und Wasserstofflinien lassen auf eine Zersetzung des in der Atmosphäre enthaltenen Wasserdampfes

*) Siehe Lommel, Wind und Wetter. S. 326 u. folg.

durch den Blitz schließen. Eine andere Messung von Linien ist bis jetzt nicht bekannt geworden.

Vom Nordlicht ist in der neuesten Zeit nachgewiesen worden, daß es in großer Höhe über der Erdoberfläche seinen Sitz hat, so daß möglicherweise gezweifelt werden kann, ob es als irdische Erscheinung zu betrachten ist; denn in einer Höhe von 30 bis 60 Meilen ist wenigstens von einer irdischen Atmosphäre kaum mehr zu sprechen. Es werden dort wohl die permanenten Gase in äußerster Verdünnung vorhanden sein, wie im ganzen Sonnensystem, aber der Einfluß der Erdanziehung auf Verdichtung derselben wird schwerlich so weit gehen. Daß das Nordlicht eine elektrische Erscheinung ist, daran ist nicht wohl zu zweifeln, es steht in zu inniger Beziehung zu den Schwankungen der Magnetnadel. Aber auch die Zahl der Sonnenflecke folgt der gleichen Periode, wie die der Nordlichter, und darum wird sein Ursprung jedenfalls kein blos irdischer sein. Es tritt in seinem Spektrum die grüne Linie auf, welche nach Winlock und Young auch bei totalen Sonnenbedeckungen die Protuberanzen und die Koronen zeigen, die aber mit einem irdischen Stoff in keinem Zusammenhang steht, d. h. die mit einer Linie eines irdischen Körpers nicht zusammenfällt. Zöllner macht hier geltend, daß dies noch kein Beweis sei, daß ein auf der Erde nicht vorkommender Stoff beim Nordlicht im Spiele sei. Es könne die Lichtentwicklung beim Nordlicht bei einer so niedrigen Temperatur vor sich gehen, daß es unmöglich ist, bei gleicher Temperatur die Spektren glühender Gase in Geißler'schen Röhren zu beobachten. Da nämlich die Helligkeit einer leuchtenden Gasschicht von ihrer Dichte nicht nur, sondern auch von ihrer Dicke abhängt, und im Verhältniß beider zunimmt, so müßten wir, um in einer Geißler'schen Röhre die gleiche Leuchtkraft hervorzubringen — bei gleichem Stoff und gleicher Temperatur — wie beim Nordlicht, die Dichte des Gases in der Röhre sehr groß machen, da die Dicke beim Nordlicht sehr groß, bei der Röhre sehr klein ist. Machen wir aber die Dichte sehr groß, so geht der elektrische Funke nicht mehr durch oder erzeugt eine ganz andere, viel höhere Temperatur, als wir dem Nordlicht zuschreiben dürfen. Damit wird aber das Emissionsvermögen beträchtlich wachsen und wahrscheinlich ein kontinuirliches Spektrum entstehen. Die Ansicht Zöllner's ist somit, daß die grüne Linie mit unsern bisherigen Mitteln durch Versuche nicht nachzumachen sei.

Neben der grünen Linie zeigen sich noch Spuren von Linien im Rothen und Blauen; aber die grüne ist die hellste und immer beobachtete. Börgen bestimmte sie zu 1245 der Kirchhoff'schen Skala, Struve auf 1259, Herschel auf 1255. Vogel fand die Wellenlänge 557 (oder nach Kirchhoff 1250), und glaubt aus dieser Wellenlänge auf die Identität mit einer Eisenlinie schließen zu dürfen, bezweifelt aber noch, ob diese vereinzelte Beobachtung schon auf Eisendampf schließen lasse. Sonst stimmt nach Vogel das Nordlichtspektrum mit Linien des Luftspektrums, es zeigt Stickstofflinien und eine Sauerstofflinie. Angström glaubt, daß das Spektrum des Nordlichts aus zwei verschiedenen Spektren zusammengesetzt ist, zu dem einen gehört die charakteristische grüne Linie, das andere soll identisch sein mit dem schwachen Licht in einer eine

Spur Luft enthaltenden Geißler'schen Röhre, welches am negativen Pol auftritt, und dazu können noch Linien des Luftspektrums treten. Die grüne Linie soll durch Fluorescenz oder Phosphorescenz hervorgebracht sein. Lemström will die grüne Linie sogar auf einem mit Schnee bedeckten gefrornen See im hohen Norden beobachtet haben und behauptet, daß die elektrischen Entladungen, welche das Nordlicht bilden, bis zur Erdoberfläche herab gehen, wenigstens im Norden.

Ueber das Zodiakallicht sind noch immer die Ansichten sehr getheilt. Ist es eine erweiterte Sonnenatmosphäre? Ist es ein Ring um die Erde zwischen Mond und Erde, der vielleicht gar, wie man schon gesagt hat, Stoff zu einem zweiten Mond gibt? Wir wissen es nicht, das Licht ist so matt, daß eine genaue Beobachtung ungemein schwierig ist. Wenn aber nicht einmal die Grenze des Lichtschimmers festgestellt werden kann, wie ist da zu hoffen, Sicheres über dasselbe zu erfahren? Oder ist es vielleicht eine Bildung, die fortschreitet, da Alexander von Humboldt bemerkt, daß dasselbe von den Alten nicht beobachtet worden ist?

Respighi hat im Zodiakallicht die grüne Linie des Nordlichts und der Korona gefunden. Vogel hat durch Messung diese Linie im Spektrum des Zodiakallichts genau gleich der des Nordlichts zu 557 Milliontel Millimeter gefunden, und eine gleichzeitige Beobachtung eines Nordlichts und des Zodiakallichts bestätigt das Zusammenfallen beider Linien. Auffallend ist die von Respighi und Vogel gemachte Beobachtung, daß nicht blos das Zodiakallicht die Linie zeigte, sondern alle Theile des Himmels vom

Horizont bis zum Zenith. Pringle glaubt deswegen, daß bei den Beobachtungen der beiden Spektralanalytiker zugleich ein Nordlicht am Himmel gewesen sei, seine eigenen Beobachtungen, die er Monate lang fortgesetzt habe, zeigten nie die geringste Spur von Linien oder Streifen, sondern nur ein blasses, diffuses Spektrum, so intensiv wie das eines hellen Theils der Milchstraße. Wright kommt zu demselben Resultat, daß nämlich das Spektrum des Zodiakallichts continuirlich sei, daß eine helle Linie nur auftrete, wenn zugleich ein Nordlicht am Himmel sich befinde. Die Identität des Spektrums mit dem der Sonne scheint somit zu beweisen, daß es reflektirtes Sonnenlicht ist, von starren Theilchen zurückgeworfen, da es polarisirt ist.

Was endlich die Sternschnuppen betrifft, so zeigen sie im Allgemeinen continuirliche Spektra, sind also glühende starre oder flüssige Körper, wobei bald Gelb, bald Grün vorherrscht, Violet immer fehlt. Die Schweife dagegen, die Lichtlinien, welche hinter dem Kern des Meteors noch zwei und mehr Minuten nachleuchten, geben die helle Linie des Natriums, wenn sie gelb erscheinen, die rothen Strontium, die grünen Magnesium; die letzten immer neben der Natriumlinie. Auch Eisen scheint vorhanden zu sein. Diese Beobachtungen beziehen sich auf den Augustschwarm des Jahres 1874 und rühren von Konkoly her, er wünscht jedoch, daß noch andere Forscher sich dieser schwierigen Beobachtung zuwenden möchten, um bestimmte Resultate zu erhalten.

4. Technischer Theil.

Wenn das Licht auf seinem Wege von der Lichtquelle zu unserm Auge durch mehr oder weniger durchsichtige Mittel hindurchgeht, so wird es mehr oder weniger verschluckt oder absorbirt. Wir haben bisher nur die Absorption durch glühende Gase betrachtet und die dadurch entstehenden dunkeln Linien in einem sonst kontinuirlichen Spektrum. Für technische Zwecke ist die Absorption flüssiger oder starrer Körper deswegen von Bedeutung, weil im Allgemeinen jeder Körper das Licht wieder anders absorbirt, so daß die auftretenden Absorptionslinien eine charakteristische Eigenthümlichkeit des Körpers sind, an welcher derselbe erkannt werden kann. Zu dieser Beobachtung wird ein weißes, kontinuirliches Licht vorausgesetzt, dessen Strahlen durch den durchsichtigen Körper gehen. Es ist dies natürlich einfacher, als wenn man ein Licht anwendet, dessen Spektrum selbst schon Absorption zeigt. Man wird also eine Gasflamme oder einen glühenden Platindraht, das Drummond'sche Kalklicht oder das elektrische Licht anwenden, und das absorbirende Mittel vor der Spalte des Spektroskops anbringen.

Nimmt man ein Rauchglas, ein durch kleine Kohlentheilchen grau bis schwarz gefärbtes Glas, und hält es zwischen die Lichtquelle und das Spektroskop, so sieht man sogleich, daß das Licht an allen Stellen des Spektrums abgeschwächt wird und zwar überall gleichmäßig, so daß die Lichtstärke längs des ganzen Spektrums sich gleichmäßig vermindert. Das Rauchglas absorbirt also alle Licht=

strahlen, alle Farben in gleicher Weise, es ist ein Beispiel von kontinuirlicher oder *allgemeiner* Absorption. Ganz abweichend hiervon verhält sich ein gefärbtes Glas; ein rothes z. B. absorbirt alle Farben mit Ausnahme der rothen, ein blaues läßt hauptsächlich das blaue Licht durch und absorbirt das grüne ganz, roth und gelb nur theilweise. Solche Gläser zeigen also eine *auswählende* Absorption. Von dieser Eigenschaft gefärbter Gläser wird vielfach Anwendung gemacht; auf Leuchtthürmen, bei Signalscheiben, bei Lokomotiven u. s. w. braucht man die durch Absorption entstandene Färbung einer an sich weißen Flamme zu bestimmten Zeichen. Wenn es gelänge, ein gefärbtes Glas herzustellen, welches blos diejenigen rothen oder diejenigen grünblauen Strahlen durchließe, welche in dem Lichte der Protuberanzen enthalten sind, so würden wir ohne Zweifel durch ein solches Glas zu jeder Zeit, wo die Sonne scheint, die Protuberanzen direkt und ohne Beihilfe eines Spektroskops sehen können.

Simmler hat einen kleinen Apparat, von ihm Erythrophytoskop genannt, beschrieben, welcher wegen seiner überraschenden Wirkung in weitern Kreisen bekannt zu werden verdient, als dies bis jetzt der Fall gewesen zu sein scheint. Das Erythrophytoskop besteht (nach einer von *Wild* angegebenen Modification) aus zwei über einander gelegten farbigen Glasplättchen, einem blauen Kobaltglas und einem dunkeln Eisenoxydglas; zwei solche Paare, für jedes Auge eins, sind brillenartig in einen mit mattschwarzem Papier überzogenen und mit einem Ausschnitt für die Nase versehenen Carton gefaßt. Man kann auch die Fassung mit einem passend ausgeschnittenen Rande versehen, welcher den Umgebungen der Augen sich anschmiegend seitliches Licht möglichst fern hält.

Betrachtet man (nach Lommel) durch eine solche Brille, am besten von einem schattigen Standpunkt aus, eine sonnenbeglänzte, vegetationsreiche Landschaft, so erscheinen die Pflanzen leuchtend corallenroth, der Himmel prächtig cyanblau, die Wolken röthlich violet, das Erdreich in verschiedenen Abstufungen violetgrau. Dabei ist dem Landschaftsbilde weder der anmuthige Wechsel von Licht und Schatten, noch der Reichthum an Farben verloren gegangen, diese scheinen vielmehr an Reinheit mit Sättigung gewonnen zu haben; der frischgepflügte Ackergrund hebt sich in schwarzvioletter Neutraltinte kräftig ab von dem zarten Violettgrau des sandigen Wegs, über den herrlich blaugrünen See wölbt sich tiefblau der Himmel, an dem rosige Wolken schweben; aber geradezu mährchenhaft wirkt das lichte Roth, in welches das gewohnte Grün der Pflanzen wie durch einen Zauber verwandelt erscheint.

Nur dem vegetabilischen Grün kommt die Eigenschaft zu, durch ein solches Glas betrachtet roth zu erscheinen; andere grüne Gegenstände, z. B. grün angestrichene Fensterläden oder Gartenzäune, grüngefärbte Papiere u. s. w. werden einfach dunkelgrün gesehen. Diese merkwürdige Wirkung des Erythrophytoskops läßt sich leicht erklären aus den optischen Eigenschaften der Gläsercombination einerseits und jenen des Blattgrüns andererseits.

Untersucht man das durch das blaue Kobaltglas durchgegangene Licht spektroskopisch, so findet man, daß folgende Strahlengattungen darin enthalten sind: das äußerste Roth bis zur Frauenhoferschen Linie B mit großer

Lichtstärke; ein schmaler und lichtschwächerer Streifen gelbgrün jenseits D; endlich das Grün, Blau und Violet bis an's Ende des Spektrums sehr lichtstark. Für die übrigen Theile des Spektrums ist das Glas nahezu undurchsichtig, es absorbirt dieselben.

Das gelbe Glas dagegen läßt das gesammte Roth, Orange, Gelb und Grün vollkommen gut durch, schwächt aber das Blaugrün und Blau bis G und absorbirt vollständig das Violet von G an.

Die beiden Gläser combinirt, sind daher nur für folgende Theile des Spektrums durchsichtig: für das äußerste Roth von B stark, für Gelbgrün schwach; für Blaugrün und Blau, wovon jedoch nur das mittlere Blau ziemlich stark erscheint. Das gelbe Glas hat nur den Zweck, das vom Kobaltglas reichlich durchgelassene Blau und Violet soweit zu dämpfen, daß es das im Vergleich mit andern Theilen des Spektrums wenig lichtstarke äußerste Roth, auf welches es hier vorzugsweise ankommt, nicht überwuchere.

Analysirt man in ähnlicher Weise das durch ein grünes Pflanzenblatt durchgegangene Licht, so findet man, daß es das äußerste Roth bis nahe an B vollkommen ungeschwächt, dann ziemlich lichtstark das Roth, Orange, Gelb und Grün zwischen C und E enthält. Im brechbaren Theile des Spektrums beginnt die Verdunklung sehr bald hinter E, das verdunkelte Grün, Blau und Violet bleibt aber noch sichtbar bis jenseits der Mitte von F und G; von hier an herrscht völliges Dunkel. Aber besonders charakteristisch ist, daß das mittlere Roth zwischen B und C beinahe ganz fehlt, indem es von dem Pflanzen=

blatt fast vollständig verschluckt wird; im Spektrum erscheint daher zwischen B und C ein dunkler Streifen.

Die grüne Farbe, in welcher uns die Pflanzen erscheinen, hat dieselbe Zusammensetzung wie das durch ein einzelnes Blatt gegangene Licht; indem das Sonnen- oder Tageslicht die Blätter bescheint, dringt es bis zu einer bestimmten Tiefe in das chlorophyllhaltige Zellgewebe ein, und gelangt, nachdem ihm die oben genannten Strahlengattungen durch Absorption entzogen sind, aus den noch übrigen gemischt in unser Auge. Das von den Pflanzen zurückgestrahlte in seiner Mischung dem Auge grün erscheinende Licht enthält daher folgende Bestandtheile: Das äußerste Roth bis nahe vor B vollkommen ungeschwächt; das Roth, Orange, Gelb, Grün zwischen C und E mit ziemlich großer Lichtstärke, endlich Dunkelgrün, Blau und Dunkelblau nur schwach bis etwa zur Mitte zwischen F und G; gar nicht oder nur äußerst schwach das Roth zwischen B und C, und ebensowenig das Dunkelblau und Violet von der Mitte zwischen F und G an.

Man kann sich leicht überzeugen, daß das von den Pflanzen zerstreut zurückgeworfene Licht in der That die hier angegebene Zusammensetzung hat. Es genügt, das Spektroskop ins Freie hinaus auf eine gut beleuchtete Baum- oder Strauchgruppe zu richten. Man sieht alsdann genau das nämliche Spektrum, welches oben für das durch ein Pflanzenblatt durchgegangene Licht beschrieben wurde; sowohl die Absorption im Violet, als auch der dunkle Streifen im mittlern Roth sind auf diese Weise deutlich zu erkennen.

Die Wirkung unserer Gläsercombination hinsichtlich

der Pflanzen läßt sich nun leicht erklären. Von allen durch die Pflanzen zurückgestrahlten Lichtgattungen läßt das Glas nur das äußerste Roth reichlich, und eine schmale Portion Gelbgrün spärlich durchgehen und die Pflanzen müssen daher eine aus viel Rubinroth und wenig Gelbgrün gemischte Nüance, welche wir oben „Corallenroth" genannt haben, zeigen.

Der klare Himmel, dessen Licht die weniger brechbaren Strahlen spärlich, die brechbaren dagegen reichlich enthält, wird eine aus wenig Blaugrün und viel Blau gemischte cyanblaue Farbe zeigen. Die Wolken, wie alle Gegenstände, welche das Sonnenlicht in unveränderter Mischung zurückwerfen, erscheinen in einer aus sämmtlichen von dem Glase durchgelassenen Lichtarten gemischten röthlich violetten Färbung. Grüne Pigmente, z. B. Schweinfurter Grün, Grünspan u. s. w., welche die rothen Strahlen absorbiren und vorzugsweise Gelb, Grün und etwas Blau zurückwerfen, werden in einer aus viel Blaugrün und wenig Blau gemischten dunkelgrünen Farben gesehen.

Die rothe Farbe, in welcher die Pflanzen durch das beschriebene Simmler'sche Erythrophytoskop betrachtet erscheinen, ist nicht ganz rein, indem sich ihr noch ein wenig Gelbgrün beimischt. Man kann diese Beimischung vermeiden, wenn man statt des gelben Glases ein hellrothes Ueberfangglas (Kupferoxydulglas) mit dem blauen Kobaltglas vereinigt. Diese Combination läßt einerseits das äußerste Roth, andererseits Blaugrün und Blau, dagegen kein Gelbgrün durch. Die Pflanzen erscheinen in reinem leuchtendem Rubinroth, der Himmel tief violetblau, die Wolken in zartem Purpur.

Lommel hat ein blaues Kobaltglas mit einem dunkelrothen Ueberfangglas combinirt. Diese Combination läßt nur das äußerste Roth von B durch, er nennt sie Erythroskop. Eine sonnenbeschienene Baumkrone erscheint dadurch so hell, wie eine weiße Wolke, das Blätterwerk erscheint hell auf dunkelm Grunde im Gegensatz zur Wirklichkeit. Melanoskop ist eine Combination eines dunkelrothen Ueberfangglases mit einem hellvioletten Glas. Es läßt nur das mittlere Roth in erheblicher Stärke durch, die Pflanzen erscheinen daher schwarz.

Es gibt schon eine ziemlich beträchtliche Zahl von Farbstoffen, die spektralanalytisch untersucht sind. Es kann nicht unsere Aufgabe sein, alle die Resultate zusammenzustellen. Wir begnügen uns mit allgemeinen Resultaten über die Art der Beobachtung und über bestimmte Gesetze, die dabei auftreten. Melde hat Versuche angestellt, um gerade nach dieser Rücksicht hin Sicheres zu finden. Er theilt die verschiedenen Stoffe in eine Anzahl Klassen, und gibt damit eine Uebersicht über ihr Verhalten.

Eine erste Klasse bilden diejenigen Substanzen in Lösungen oder diejenigen starren Körper, die bei nach und nach größer werdender Concentration, beziehungsweise Verdickung der Schicht, von dem rothen Ende allmählig nach dem violetten die Absorption fortsetzen, so daß also zuletzt noch eine violette Endlichtbande übrig bleibt. Es scheint diese Klasse nicht zahlreiche Repräsentanten zu umfassen. Wahrscheinlich gehört das schwefelsaure Kupferoxydammoniak hieher.

Eine zweite Klasse von Stoffen hat die entgegengesetzte Eigenschaft. Die Absorption schreitet bei zu=

nehmender Concentration vom violetten nach dem rothen Ende hin, so daß zuletzt nach diesem Ende hin eine Endlichtbande übrig bleibt. Diese Klasse umfaßt eine Menge von Körpern und namentlich sehr intensive Farbstoffe. Es gehört dahin: das Chromsaure Kali, die Pikrinsäure, Eisenchlorid, Safran u. s. w. Wahrscheinlich gehören hieher auch die trüben Mittel. Diese scheinen alle das Gemeinsame zu haben, daß sie bei dünner Schicht, beziehungsweise geringer Trübung, das Spektrum ganz zum Vorschein kommen lassen, und bei wachsender Trübung beziehungsweise dicker werdenden Schicht, die Absorption vom violetten Ende nach dem rothen fortsetzen, bis zuletzt auch dieses verschwindet. An den gewöhnlichsten Mitteln dieser Art, Seifenwasser oder Wasser, welchem etwas Milch beigemischt wird, läßt sich diese Erscheinung gut beobachten.

Diese zwei Klassen umfassen also Körper, die eine einseitige Absorption ausüben. Eine dritte Klasse würde solche Körper umfassen, bei denen die Absorption von einer mittlern Stelle kontinuirlich nach beiden Seiten hin fortschreitet, Körper, die man im Gegensatz gegen die beiden ersten Klassen zweiseitig absorbirende nennen kann. Diese Klasse scheint spärlich vertreten zu sein. Nach den Beobachtungen von Härlin gehört das in Oxalsäure gelöste Berlinerblau hieher. Bei der Spektralanalyse werden sich die Körper, welche in diese Klasse gehören, dadurch gegenseitig unterscheiden, daß die mittlere Lichtbande mit ihrer hellsten Stelle an verschiedenen Stellen der Skala auftritt.

Eine vierte Klasse begreift in sich Stoffe, bei denen gleichzeitig oder succesiv an zwei getrennten Stellen Lichtbanden (gleichgiltig ob Endbanden oder mittlere oder beides zugleich) sich bilden, die bei weiterer Verdünnung zwischen sich einen Absorptionsstreifen einschließen, beziehungsweise gleichzeitig einen oder zwei Endabsorptionsstreifen liefern. Dieser Klasse gehören viele Körper an: Anilinblau, Fuchsin, die ammoniakalische Lösung von Kino, Fernambuk, die mit Eisenchlorid versetzte Lösung der Salicylsäure, unter den starren Körpern das Kobaltglas. Bei der spektralanalytischen Untersuchung werden sich diese Körper unter sich sowohl durch den ganzen Verlauf der Absorption, als auch insbesondere durch das Auftreten des dunkeln Streifens an einer bestimmten Stelle der Skala unterscheiden.

Eine fünfte Klasse umfaßt Stoffe, bei denen gleichzeitig oder successiv bei größer werdender Verdünnung an drei getrennten Stellen Lichtbanden auftreten, die bei weiterer Verdünnung zwei Absorptionsstreifen zwischen sich lassen. Auch diese Klasse besitzt zahlreiche Repräsentanten. Es gehört hieher die ammoniakalische Carminlösung, die wässrige Lösung des Bluts, der alkoholische Auszug der Alkannawurzel und des Sandelholzes.

Eine sechste Klasse enthält Stoffe mit drei Absorptionsstreifen. Hieher gehört der ammoniakalische Auszug der Alkannawurzel und die alkoholische Lösung des Chlorophylls. Weitere Klassen könnte man nach der Zahl der Absorptionsstreifen bilden.

Es machte dann Melde Versuche mit Mischungen verschiedener Flüssigkeiten, um zu sehen, in wie weit sich für die bei den Mischungen entstehenden Absorptionsbilder Gesetze geben lassen, die ihre Entstehung aus den Absorptionsbildern der einzelnen Substanzen erklären. Im All=

gemeinen ergab sich, daß die Absorptionsstreifen nicht unabhängig von einander sind, daß die Absorption der Mischung nicht einfach die Summe der Absorptionen der einzelnen Stoffe ist, wie das von den Spektrallinien glühender Gase im großen Ganzen gibt. Sondern es entsteht bei Mischungen meist ein Absorptionsstreifen, welcher eine mittlere Lage zu zwei benachbarten der einzelnen Flüssigkeiten hat. Doch kommt auch vor, daß eine Verschiebung der Streifen nicht eintritt. Die Mischung zweier Körper der ersten und zweiten Klasse kann, aber muß nicht, einen Körper der dritten Klasse geben.

Ferner wurde festgestellt, daß die Temperatur auf die Lage der Absorptionsstreifen zuweilen von keinem Einfluß ist, selbst wenn man die Flüssigkeit bis zum Kochen erhitzte; zuweilen aber kann die Absorption dabei vom blauen Ende nach dem rothen fortschreiten. Endlich ist als Resultat der Untersuchung noch anzuführen, daß es gleichgiltig ist, ob man die vom Licht durchlaufene Flüssigkeitsschicht dicker oder concentrirter nimmt. „Geht man von einer bestimmten Dicke einer Flüssigkeitsschicht und einer bestimmten Verdünnung aus, so ist es mit Rücksicht auf den Verlauf der Absorptionserscheinungen ganz einerlei, ob man in einem bestimmten Verhältniß die Verdünnung vergrößert, oder in demselben Verhältniß bei unveränderter Concentration die Dicke der Schicht verringert."

Außer dieser Untersuchung von Melde, welche allgemeinere Resultate zu erzielen suchte, sind nun noch einzelne Resultate anzuführen, die speciellere Gegenstände betreffen.

Beim Bessemer-Prozeß*) werden 100 Centner Gußeisen in zwanzig Minuten zu Gußstahl umgewandelt. Gußstahl aber ist Gußeisen, dem ein Theil seines Gehaltes an Kohlenstoff entzogen worden ist: es ist daher klar, daß der Bessemerprozeß nur darin besteht, den Kohlenstoff aus dem Gußeisen zu entfernen, und daß das Spektroskop den Moment anzuzeigen hat, wenn dies geschehen ist. Nun ist die Hitze des geschmolzenen Eisens so groß, daß die glühenden Dämpfe aller damit verbundenen Stoffe oberhalb der Retorte, die das Gußeisen enthält, sichtbar werden und letzteres mit einer Atmosphäre von glühenden Dämpfen verschiedener Art umgeben ist. Untersucht man diese Dämpfe mit dem Spektroskop, so findet man, daß das Spektrum sich im Laufe des voranschreitenden Prozesses der Erhitzung des Gußeisens bedeutend verändert, und daß es sich bei dem Prozesse der Umwandlung um die genaueste Beobachtung der Zeit handelt, wo derselbe unterbrochen werden muß. Ein Versehen um zehn Sekunden reicht hin, um den ganzen Inhalt der Retorte oder 100 Centner Gußstahl zu verderben. Die bloße Geschäftspraxis oder eine durch Erfahrung gewonnene Methode, die fortschreitende Entkohlung des Gußeisens zu beobachten, schützt hier nicht vor einem Versehen; beobachtet man aber mit einiger Sorgfalt das Spektrum des von dem Gußeisen und seinen Dämpfen ausgestrahlten Lichts durch ein Spektroscop, so sieht man Anfangs das bekannte Spektrum des Kohlenstoffs neben andern Spektren, bald aber tritt der

*) Lockyer, das Spektroskop. Deutsch von Schellen. Braunschweig 1874.

wichtige durch die Praxis annähernd ermittelte Augenblick ein, wo dieses Spektrum verschwindet und die Entkohlung des Eisens vollendet ist. Das ganze Verfahren des den Prozeß leitenden Technikers besteht also darin, auf das Erscheinen gewisser Linien im Spektroskop sorgfältig zu achten und den Prozeß sofort zu unterbrechen, wenn diese Linien anfangen zu verschwinden; ein Irrthum ist dabei kaum möglich.

Für gerichtliche Untersuchungen von Werth ist das Spektrum des Blutes. Es ist von Stokes, Hoppe und Valentin beobachtet worden. Aus den Beobachtungen des Letzteren ergibt sich, daß dickere Schichten von hellrothem oder dunkelrothem Blute im Spektrum einen lebhaft leuchtenden Streifen geben, der bis zu der Fraunhofer'schen Linie D reicht. Sehr dünne Schichten frischen oder dickern mit Wasser stark verdünnten Bluts zeigen zwei charakteristische dunkle Flecken im Grün. (Fig. 27.) Der erste befindet sich eine kurze Strecke von D nach dem violetten Spektralende hin entfernt, der zweite in der zweiten Hälfte des zwischen D und E befindlichen Raums. Man kann noch die letzte Spur dieser Bänder wahrnehmen, wenn auf ein Theil Blut 7000 Theile Wasser kommen, wenn die Mischung bei durchfallendem Licht farblos, bei auffallendem ebenso oder mit einem zweifelhaften Stich ins Gelbe erscheint. Die Blutbänder treten in dem hochrothen wie in dem dunkelrothen Blute auf.

Valentin untersuchte spektralanalytisch Blut, welches an einem Klotze saß, der als Unterlage secirter Leichen gedient und seit mehr als drei Jahren an einem feuchten Ort unbenutzt gelegen hatte, ferner Blut von einem ähn-

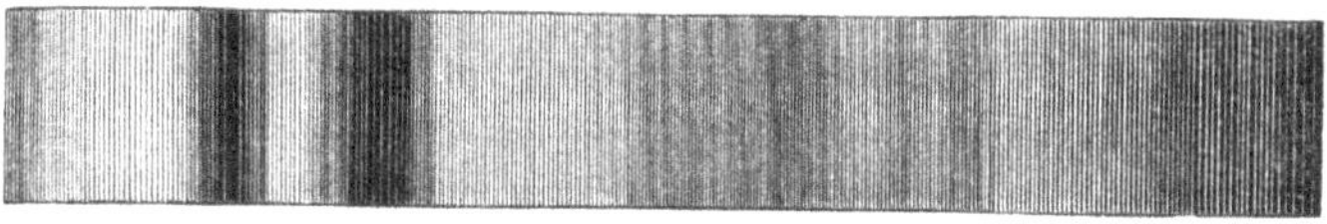

Fig. 27.

lichen Holzstück, das noch im Gebrauche war, Blut von einem alten, verrosteten Hacken, an dem früher Fleischstücke in einem Laden aufgehängt waren und Blutflecken, die ein bis vier Jahre alt waren und an einer Glasröhre, einer Spielkarte und verschiedenen Kleidungsstücken hafteten; in allen Fällen konnte er in dem Absorptionsspektrum die beiden Blutbänder erkennen.

In dem Kreislauf des Blutes geht eine wesentliche Veränderung des Farbstoffes vor sich, indem er bei dem Uebergange des Blutes aus den Arterien in die Venen aus einer sauerstoffreichen in eine sauerstoffarme Mischung übergeht. Seine Farbe ändert sich dabei: während das Arterienblut scharlachroth ist, hat das Venenblut eine viel dunklere, grünlich-rothe Färbung. Statt zwei Absorptionsstreifen tritt ein einziger, weniger scharf begrenzt, zwischen den beiden vorigen, etwas näher an D auf. Die gleiche Veränderung des Spektrums tritt auf, wenn man dem Blutfarbstoff den Sauerstoff auf chemischem Wege entzieht. Dies geschieht z. B. durch Schwefelammonium, sowie man aber das so präparirte Blut mit atmosphärischer Luft schüttelt, nimmt es wieder Sauerstoff auf und zeigt die zwei Absorptionsstreifen.

Anders verhält sich die Blutlösung, wenn sie Kohlenoxydgas enthält: sie gibt ebenfalls die zwei Absorptionsstreifen, aber diese Streifen bleiben bei Zusatz von Schwefelammonium unverändert, so daß damit die Gegenwart des Kohlenoxydgases nachgewiesen werden kann.

Nach anderer Richtung hin gehen die Versuche von Phipson und Sorby über Verfälschungen von Weinen und Bieren. In England ist das Spektromikroskop sehr beliebt. Es ist in der Regel ein Mikroskop gewöhnlicher Art mit besonderem Ocular. Da, wo das Bild durch das Objektiv entsteht, ist eine Spalte angebracht, vor ihr ein Prisma mit gerader Sicht und dann das Ocular, welches ein deutliches Bild der Spalte gibt. Beleuchtet man mit Tageslicht, so sieht man die Fraunhofer'schen Linien, bei Beleuchtung mit einer Natronflamme, Lithionflamme u. s. w. die ihnen zukommenden hellen Linien. Es hat das Spektromikroskop den Vortheil, daß weniger von der zu untersuchenden Substanz nöthig ist, was bei seltenen Substanzen und wenn es sich um Filtriren und Verdampfen handelt, stark ins Gewicht fällt. Außerdem ist zu berücksichtigen, daß bei keinem Volke das Mikroskop so vielfach in Gebrauch ist, als bei den Engländern.

Sorby wendet zu seinen Untersuchungen ein kleines Gefäß an, von ein achtel Zoll englisch Durchmesser und einer Länge von zwei und mehr Zoll, unter dem Objektiv so angebracht, daß man auch quer durchsehen kann.

Um den Farbstoff des Weines zu untersuchen*), entfernt er die Haut der Traubenbeeren, erhitzt sie in Alkohol, verdampft bis zur Trocknung, löst in wenig Wasser, filtrirt und verdampft wieder zu einem dicken Syrup,

*) Chemical news. 1869 pag. 280.

welcher nun monatelang unverändert bleibt. In saurer Lösung zeigt sich starke Absorption zwischen D und F, keine im Rothen, schwächere im Blau und Violet. In neuen Weinen beginnt die Absorption vor D und erstreckt sich gleichmäßig über Gelb, Grün, Blau und Violet. In sehr alten Weinen nimmt die Absorption in Gelb und Grün ab und steigert sich gegen das Violet hin. Um das Alter rother Weine zu untersuchen, wurde eine Schicht von ein Zoll Dicke betrachtet, welche vorher mit Citronensäure sauer gemacht und mit Natronsulphat behandelt worden war. Dadurch wird die Farbe orangegelb, die Absorption bedeutend geringer. Mit dieser Schicht wurde der natürliche Wein verglichen und von diesem eine Schicht genommen und deren Höhe gemessen, welche im Gelben genau dieselbe Absorption gab, wie jene Zoll dicke Schicht. So war es Sorby möglich, von Portweinen sagen zu können, ob sie neu, ein, zwei u. s. w. bis sechs Jahre alt seien. Ueber sechs Jahre war der Unterschied sehr gering. Die Aenderung der Absorption sucht Sorby in der Oxydation des Farbstoffs, in Fässern geht sie rascher vor sich, als in gut verkorkten Flaschen. Flaschenweine sind daher viel schwieriger zu untersuchen. Es zeigte sich dies bei Bordeaux- und Burgunderweinen.

Die Farbe der weißen Weine läßt sich durch Zusatz von Ammoniak beträchtlich verstärken. Es gleicht dann das Spektrum ganz dem eines sehr alten rothen Weines, in dem sich der Farbstoff niedergeschlagen hat.

Das Spektrum kann nur dann zur Auffindung von Weinverfälschungen verwendet werden, wenn bestimmte Farbstoffe beigemischt worden sind. Sorby behandelt in diesem Falle den Wein mit Aether und setzt Bikarbonat von Ammoniak zu. Brasilholz als Färbemittel zeigt dann z. B. einen charakteristischen Absorptionsstreifen zwischen D und E, näher an E. Bei ähnlicher Behandlung treten immer bei jeder Verfälschung eigenthümliche Absorptionsstreifen auf, welche der Wein für sich nicht zeigt. Viel schwieriger scheint die Untersuchung von Verfälschungen des Biers; die Substanzen, die statt Hopfen verwendet werden, Pikrinsäure, Enzianwurzel, Kokelskörner u. s. w. geben in Beziehung auf Färbung der Lösung stets gleiche Resultate, wie der Hopfen selbst.

5. Physikalischer Theil.

Vierordt hat die Spektralanalyse nach der Seite hin erweitert, daß er die Intensität des Lichtes an den verschiedenen Stellen des Spektrums untersuchte, und aus der Aenderung der Intensität auf bestimmte Vorgänge schloß. Es ist dies eine der interessantesten Anwendungen der Spektralanalyse und sie soll deßwegen etwas ausführlicher betrachtet werden.

Die Spalte ist in zwei Hälften getheilt, in eine obere und eine untere, deren Weiten beliebig geändert werden können. Der eine Rand der Spalte ist beiden Hälften gemeinsam und fest, während der andere von zwei beweglichen Platten gebildet wird. Jede dieser Platten wird durch eine besondere Mikrometerschraube bewegt. Zwei auf der Mitte der Spaltendeckel senkrecht angebrachte Stifte gestatten, vor der obern Spalte durchsichtige Körper,

Glasplatten, organische Gewebe, farbige Flüssigkeiten in Glaströgchen u. s. w. anzubringen.

Tritt Licht durch diese Doppelspalte, so erscheinen zwei Spektra: Das reine Spektrum der Lichtquelle und das durch das vorgelegte durchsichtige Medium veränderte Spektrum dieser Lichtquelle. Dieses zweite Spektrum zeigt in allen seinen Bezirken eine Abnahme der Lichtstärke, die an gewissen Stellen so weit geht, daß die bekannten Absorptionsbänder entstehen, welche für so viele farbige Medien charakteristisch sind. Sollen einzelne Theile dieser Spektra in ihrer Intensität verglichen werden, so führt man durch Schwächung des Lichts des einen seine Intensität auf die des andern zurück. Diese Schwächung wird ausgeführt, indem man die Spalte, welche das Licht direkt einläßt, schmäler macht. Man kann annehmen, daß die Intensität des Lichts mit der Breite der Spalte proportional zu- oder abnimmt. Um die Breite zu messen, ist die bewegliche Platte der Spalte mit einer Mikrometerschraube versehen, auf deren Trommel die Zahl der Umdrehungen und ihrer Hundertel abgelesen werden, mit der also die Breite der Spalte in jeder Lage einfach gemessen werden kann.

Soll die Vergleichung sicher auszuführen sein, so darf außer den zu vergleichenden Theilen der Spektren kein anderer Bezirk zugleich sichtbar sein, weil damit eine Störung des Urtheils des Auges eintreten würde. Es sind deswegen im Innern des Oculars zwei bewegliche Schieber angebracht, zwischen denen immer nur ein kleiner Theil des Spektrums, etwa ein Fünfzigstel, übersehen wird.

Ist die Absorption bedeutender, so wird zunächst

durch ein Rauchglas das direkte Licht vermindert oder durch mehrere, bis die Intensität blos noch wenig über der des Absorptionsspektrums liegt, und dann die Verengung des Spalts noch angewendet, um auch diese Differenz noch auszugleichen. Durch solche Messungen erhält man die Absorption für jeden Theil des Spektrums als Verhältnißzahl des absorbirten Lichts zum ankommenden. Für das ankommende Licht ist die ursprüngliche Breite der Spalten maßgebend; das absorbirte ergibt sich aus dem Unterschied dieses und des durchgelassenen, und das letztere ist proportional der Endbreite der Spalte, wenn die Intensität beider Spektra in einem bestimmten Bezirk gleich geworden ist. Wird aber ein Rauchglas angewendet, so hat man noch zu wissen nöthig, wie viel Licht dieses durchläßt. Es wird dies durch eine der gewöhnlichen photometrischen Methoden bestimmt.

Nehmen wir an, das angewandte Rauchglas lasse nur 0,75 der ankommenden Lichtmenge durch und außerdem müsse die Spalte im Verhältniß von 25 zu 10 Theilen verringert werden, so ist das durchgehende Licht im Ganzen im Verhältniß $\frac{10}{25} . 0,75 = 0,3$ reduzirt, also 0,7 des ankommenden Lichts absorbirt. Hätte man kein Rauchglas nöthig gehabt, und wäre blos die Spalte im Verhältniß von 30 zu 8 verschmälert worden, so wäre die Absorption $\frac{22}{30}$, und $\frac{8}{30}$ würden durchgelassen.

Dieses Verfahren reicht durchgängig aus, wo es sich darum handelt, die Größe der Absorption zu bestimmen. Eine andere Frage ist, wie verschiedenfarbige Bezirke desselben Spektrums unter sich zu vergleichen sind. Auch diese Frage hat Vierordt gelöst.

Die Wissenschaft ist auffallend arm an Bemühungen, welche die Messung und gegenseitige Vergleichung der optischen Intensität verschiedenfarbigen Lichts zum Zwecke haben. Im Interesse der Vervollkommnung der achromatischen Objektive versuchte Fraunhofer die Lichtstärke des Sonnenspektrums an acht verschiedenen Stellen zu bestimmen. Er verdeckte das Gesichtsfeld eines Fernrohres, durch welches er das Spektrum betrachtete, zur Hälfte mit einem Spiegel, welcher das Licht einer seitlich stehenden kleinen Oelflamme reflektirte. Diese Lampe wurde mehr oder weniger entfernt, bis der Spiegel so hell erschien, als die zu untersuchende Stelle des Spektrums.

Die größte Lichtstärke zeigt das Spektrum zwischen den Linien D und E, bezeichnet man sie mit Eins, so gibt Fraunhofer für die andern Hauptlinien folgende Zahlen:

B	C	D	E	F	G	H
0,032	0,094	0,64	0,48	0,17	0,031	0,0056

Die vervollkommneten Photometer der Neuzeit sind nur für gleichfarbiges Licht construirt oder vielmehr sie nehmen keine Rücksicht darauf, ob das Licht einfarbig oder vielfarbig ist, und was im Jahre 1861 Dove sagte, daß die photometrischen Methoden in der Regel ihren Dienst versagen, wenn die zu vergleichenden Lichtquellen verschiedenfarbig sind, gilt auch heute noch in gleichem Maaße, mit Ausnahme der von Vierordt vorgeschlagenen Methode. Diese aber besteht in Folgendem:

Wir haben früher Spektralapparate kennen gelernt, die außer dem Rohr mit der Spalte noch ein zweites Rohr mit einer Skala tragen, das letzte so gestellt, daß eine der brechenden Flächen des Prisma das von der beleuchteten Skala kommende Licht in das Fernrohr zurückwirft, so daß dort ein Bild der Skala gesehen wird, welches theilweise das Spektrum bedeckt und die Lage seiner Linien unmittelbar nach der Skala ablesen läßt. Entfernt man die Skala und läßt weißes oder weißliches Licht von genügender Stärke einfallen, so überwiegt der Helligkeitseindruck des Weiß so sehr, daß die Spektralfarben vollständig ausgelöscht werden. Kann das weiße Licht blos durch eine, die Stelle der Skala einnehmende horizontale Spalte zum Prisma gelangen, so erhält man einen entsprechenden weißen Streifen, welcher die ganze Breite des Spektrums durchzieht, dessen Farben oberhalb und unterhalb des Streifens in unveränderter Lichtstärke und unverändertem Farbenton sichtbar bleiben.

Wird nun durch Abschwächung des weißen Lichts die Lichtstärke des Streifens gemindert, so erhält letzterer einen schwachen Anflug von den benachbarten Spektralfarben, zunächst in Orange, Gelb und dem weniger brechbaren Theil des Grün; mit zunehmender Lichtschwächung auch in den übrigen lichtärmeren Theilen des Spektrums. Geht die Minderung des weißen Lichts noch weiter, so werden die Farben des Streifens immer mehr gesättigt, bis schließlich die von den reinen Spektralfarben erleuchteten Stellen des Sehfelds nicht mehr unterschieden werden können von der durch das abgeschwächte Weiß und die Spektralfarben zugleich erleuchteten Stelle.

Das Auge besitzt bekanntlich eine große Unterscheidungsempfindlichkeit für Sättigungsgrade der Farben, welche die Empfindlichkeit für Intensitätsdifferenzen gleichfarbigen Lichts bedeutend übertrifft. Ein Zusatz von

$\frac{1}{360}$ Weiß zu intensiv gefärbten Pigmenten erzeugt nach Aubert eine „sehr deutliche und auffallende Veränderung in der Nuance der Farbe“ und es genügt eine noch geringere Menge Weiß, um eine „eben merkliche“ Veränderung der Nuance hervorzubringen. Es kommt also dem Auge jedenfalls eine mehr als genügende Fähigkeit zu, um den Punkt, auf den es bei diesem Verfahren ausschließlich ankommt, richtig erkennen zu können.

Es ist hier die Annahme gemacht, daß, wenn zu irgend einer Farbe ein bestimmter Bruchtheil Weiß hinzugefügt wird, der im Allgemeinen sehr klein ist, die Farbe einen andern Eindruck auf das Auge mache. Je mehr man also das weiße Licht, das vom Prisma zurückgeworfen wird, vermindern muß, damit die Farbe sich nicht ändere, desto intensiver ist die Farbe. Um eine beliebige Farbe untersuchen zu können, ist über die Spalte, welche das Licht einläßt, ein beweglicher Schieber geschoben, der nur eine schmale Ritze, vielleicht ein $\frac{1}{20}$ von der Breite des Spektrums, übrig läßt, durch welchen das weiße Licht eintritt. Bei Bewegung des Schiebers ändert sich die Lage des Bildes im Fernrohr und man kann es mit allen Theilen des Spektrums zum Zusammenfallen bringen. Ist das Licht, das durch die Spalte ankommt, richtig abgeschwächt, so verschwindet das Bild der Spalte auf dem Spektrum. Die Aufgabe ist also, für jede Stelle des Spektrums die noch übrig bleibende Stärke des Normallichts zu bestimmen, bei welcher das Bild der beweglichen Spalte eben verschwindet.

Als Normallicht kann man eine Petroleumlampe verwenden, zur Abschwächung desselben dienen Rauchgläser von genau ermittelter verdunkelnder Kraft oder Zusammenstellungen solcher Gläser. Die Anwendung dieser Gläser gestattet blos sprungweise zunehmende Verdunklungen des Normallichts. Die übrig bleibende Differenz wird durch Veränderung der Breite der Eintrittsspalte des Lichts ausgeglichen, das das Spektrum entwirft. Auch bei dieser Art zu beobachten ist im Ocular eine Blendungsvorrichtung angebracht, um seine Aufmerksamkeit nur dem zu untersuchenden Theil des Spektrums zuzuwenden.

Diese Methode mißt nicht etwa die Lichtempfindungen, sondern die objektiven Lichtstärken selbst. Gegenstand der Messung ist diejenige Intensität des Normallichts, bei welcher letzteres, vermischt mit dem zu messenden farbigen Licht, eben verschwindet. Man hat also durch stufenweise Abschwächung des Normallichts oder durch beide Hilfsmittel zugleich, ein solches Verhältniß der Lichtstärken des Normallichts und des farbigen Lichts herzustellen, daß der von beiden zugleich erleuchtete Theil eines und desselben Spektralbezirks nicht mehr unterschiedeu werden kann von dem andern, durch das farbige Licht allein erleuchteten Theil. Daß jenes Verhältniß gleich bleibt, bei stärkerem oder schwächerem Normallicht, läßt sich leicht aus Versuchen nachweisen, indem man einmal mit vollem, das anderemal mit durch Rauchgläser geschwächtem Normallicht operirt.

Die photometrischen Messungen dieser Art geben nicht die der wahren Helligkeit der Lichtstrahlen von bestimmter Schwingungsdauer entsprechenden Werthe. Je nach der Beschaffenheit des Prisma ist an verschiedenen Stellen des Spektrums die Zerstreuung eine verschiedene. Geht man von der Mitte des Grün aus, so zeigeu die Spektralbezirke in der Richtung gegen Violet eine zunehmende Verbreiterung, in der Richtung gegen Roth eine zunehmende Verschmälerung. Die direkt gemessenen Lichtstärken in der Region zwischen den Fraunhofer'schen Linien E bis H sind also zu gering und zwar um so mehr, je mehr man sich H nähert, während sie in der Region E - A in der Richtung gegen Roth zunehmend größere Werthe annehmen, als der Wirklichkeit entspricht.

Es ist hier dasselbe Verhältniß, wie bei der Vertheilung der Fraunhofer'schen Linien. Jedes Prisma gibt sie in anderer Weise, sie werden daher, wie wir oben sahen, besser nicht nach der Lage im Spektrum, nach beliebiger Skala bemessen, sondern durch Angabe der Wellenlänge im leeren Raume oder der Schwingungsdauer. Handelt es sich bloß um die Intensität eines ganzen Bezirkes zwischen zwei der großen Fraunhofer'schen Linien, so kommt das ungleiche Verhalten der verschiedenen Prismen nicht in Betracht, weil die schmäler erscheinenden Bezirke um so heller leuchten, die breiter erscheinenden um so lichtschwächer. Die folgende Tabelle gibt eine Vergleichung zwischen dem Sonnenspektrum eines Flintglas-Prisma's und dem Beugungsspektrum nach den Breiten der einzelnen Bezirke in Procenten der gesammten Breite.

	Flintglas	Beugung
A - a	3,77	11,57
a - B	3,39	8,69
B - C	3,77	8,38
C - D	11,70	19,17
D - E	14,34	17,13
E - F	13,57	11,22
F - G	25,66	15,23
G - H	23,77	9,32
	99,97	100,71

Will man die im gewöhnlichen Spektrum erhaltene Lichtstärke eines beliebigen schmalen Theils des Spektrums auf den absoluten Werth zurückführen, so hat man mit dem Verhältniß der Zerstreuung des Beugungsgitters zwischen den Grenzen des Theils zu der des Spektrums in denselben Grenzen zu multipliciren. So ergibt sich bei dem obigen Flintglasprisma bei A eine Zusammenziehung im Verhältniß von 3,35 zur Einheit, zwischen D und E im Verhältniß von 1,2, zwischen G und H eine Verbreiterung im Verhältniß von 2,5.

Mit Berücksichtigung dieser Verhältnisse kann man nun die oben angeführten Beobachtungen Frauenhofer's über die Lichtstärke des Sonnenspektrums an verschiedenen Stellen controliren. Es ergibt sich folgende Vergleichung:

	nach Fraunhofer	nach Vierordt
bei B	0,032	0,022
„ C	0,094	0,128
„ D	0,64	0,78
zwischen D u. E	1,00	1,00
bei E	0,48	0,37
„ F	0,17	0,128
„ G	0,031	0,008
„ H	0,0056	0,0007

„In den mittleren Bezirken," sagt Vierordt, „stimmen demnach die beiden Beobachtungsreihen mehr miteinander überein, als in den Endbezirken; immerhin aber ist es beachtenswerth, daß Fraunhofer mittelst seiner blos subjektiven Methode — zu deren Anwendung sich nur wenige Augen für befähigt halten mögen — zu Ergebnissen gelangt ist, welche von denen nicht allzusehr abweichen, die mittelst eines objektiven, jedem Auge leicht zugänglichen Verfahrens gewonnen worden sind."

Die enormen Unterschiede der objektiven Lichtstärke in den Einzelbezirken des Sonnenspektrums treten bei der Empfindung durch das Auge nicht in gleichem Maaße auf. Alle Sinnesnerven beurtheilen die Verschiedenheit der Eindrücke nicht nach dem Unterschied, sondern nach dem Verhältniß der Größe des Reizes. Ein musikalisches Intervall entspricht nicht dem Unterschied der Schwingungszahlen zweier Töne, sondern dem Verhältniß, die Octave eines Tons ist der doppelt so viel Schwingungen machende Ton. Wenn die gewöhnlich benützte Stimm=

gabel mit ihrem a eine Anzahl von 440 Schwingungen macht, so macht die untere Oktave 220, die obere 880 Schwingungen. Der Unterschied der Schwingungszahlen ist bei der untern Octav 220, bei der obern 440, also bei dieser doppelt so groß. Trotzdem sagt das Ohr, der dritte Ton sei um eben so viel höher als a, als dieser höher ist als der unterste der drei Töne. Wenn die objektive Stärke der Reize in einer geometrischen Reihe steigt, nimmt die Empfindung des Sinnes nur in arithmetrischer Reihe zu. Kennt man die objektive Stärke, so erhält man ein Maaß für den Eindruck, wenn man von jeder Stärkezahl den Logarithmen nimmt.

Die Figur 28 gibt eine Uebersicht über die wahre Lichtstärke der Strahlen von verschiedenen Schwingungsdauern. Die ausgezogene Linie gibt die objektive Lichtstärke, die punktirte gibt ein Maaß für die Stärke des Eindrucks auf unsere Empfindung.

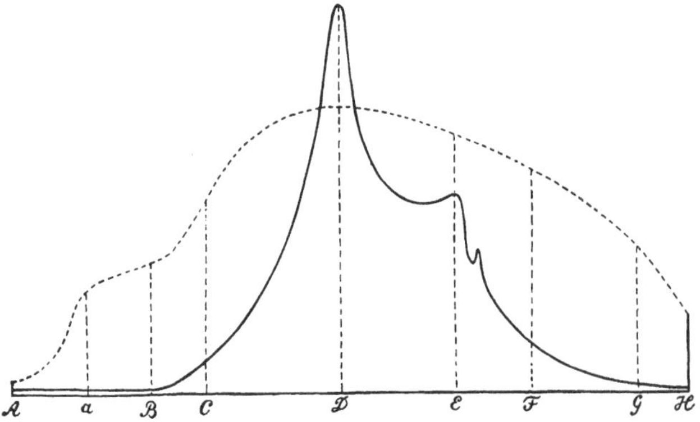

Fig. 28.

Demnach steigt die Lichtstärke von A an, anfangs langsam, später zunehmend rascher, um bei D das Maximum zu erreichen und sodann, wiederum anfangs rasch, später zunehmend langsamer zu fallen. Die Abweichungen zwischen D und F vom normalen Verlauf können von Fehlern bei der photometrischen Messung oder bei der Reduktion des Prismaspektrums auf das Beugungsspektrum herrühren.

Spätere Untersuchungen zeigten, daß die Rauchgläser das Licht nicht in allen Theilen des Spektrums gleichmäßig abschwächen, wie gewöhnlich angenommen wird. Die lichtschwächende Kraft wurde mit der Doppelspalte untersucht, die eine Spalte mit dem Rauchglas bedeckt, die andere verschmälert, bis die Intensitäten gleich erschienen. Es zeigt sich, daß das Roth am schwächsten absorbirt wird, das Violet am stärksten. Man hat also auch hierauf bei Bestimmung der Intensität einer Farbe Rücksicht zu nehmen, so oft ein Rauchglas zur Abschwächung eines Lichts benützt wird.

Eine weitere Anwendung der Bestimmung der Absorption einer Flüssigkeit ist die quantitive Analyse der Flüssigkeit, die Bestimmung der Menge absorbirender Substanz der Flüssigkeit und darnach des Concentrationsgrads derselben. Da die einzelnen Farben des gemischten Lichts von einer farbigen Flüssigkeit erfahrungsgemäß in sehr verschiedenem Grade absorbirt werden, so kann unmöglich eine einfache Beziehung bestehen zwischen den Mengen gemischten Lichts, welche nach dem Durchgang durch verschieden dicke Flüssigkeitsschichten von gleicher Concentration noch übrig bleiben und die Dicke der durchstrahlten Flüssigkeitsschichten. Ebenso wenig kann dann ein einfaches Abhängigkeitsverhältniß der nach dem Durchgang durch gleich dicke Flüssigkeitsschichten von verschiedener Concentration übrig bleibenden Lichtmengen von der Stärke der Concentration bestehen. Diesem Uebelstande sind die Absorptionsmessungen am Spektralapparat nicht unterworfen. Der einfache Lichtstrahl wird von der zweiten Flüssigkeitsschicht in demselben Verhältniß geschwächt, wie er beim Durchgang durch die erste Schicht geschwächt wurde, und wenn die Concentration zunimmt, so läßt sich dies immer auf eine Hinzufügung einer weiteren Schicht zurückführen. Hat man die Absorption einer Schicht von bestimmter Dicke und bestimmter Dichte bestimmt, so kann man aus der beobachteten Absorption einer andern Dicke und Dichte leicht auf den Concentrationsgrad schließen.

Wenn Melde bei Spektraluntersuchung gemischter Flüssigkeiten gefunden hat, daß eine Regel über die Form des neuen Spektrums, nach welcher es sich aus den beiden andern bilde, nicht gegeben werden könne, so macht Vierordt darauf aufmerksam, daß in einer Lösung, die mehrere Körper enthält, auf die Quantität derselben geschlossen werden kann, sobald es einzelne Spektralbezirke gibt, in welchen die Absorption eines der Stoffe sehr stark gegenüber der der andern ist. So gelang es z. B. in einer Mischung übermangansauren und sauren chromsauren Kali's durch Absorptionsbeobachtungen die Menge der einzelnen Bestandtheile nachzuweisen. Die Unregelmäßigkeiten, die Melde fand, die Verschiebung von Absorptionsstreifen, glaubt Vierordt vorerst chemischen Einwirkungen zuschreiben zu dürfen.

IV. Besondere Wirkungen des Spektrums.

1. Wärme.

Wenn beim Durchgang des Lichts gewisse Strahlen mehr geschwächt werden als andere, wenn im Durchschnitt bei allen Körpern, auch bei den durchsichtigsten, eine auswählende Absorption stattfindet, so kann dies nach unsern jetzigen Anschauungen nur daher rühren, daß die ankommenden Aetherschwingungen ihre lebendige Kraft oder wie man heutzutage allgemeiner sagt, ihre Energie abgeben. Nach dem Satz von der Erhaltung der Kraft kann eine Bewegung nicht verloren gehen; wenn sie scheinbar verschwindet, so wird sie in Wirklichkeit in irgend eine andere Bewegung umgewandelt, die verschwundene Energie tritt als andere Energie auf, aus Licht wird Wärme, chemische Wirkung u. s. w. Wenn bestimmte Aetherschwingungen absorbirt werden, andere nicht, so ist am einfachsten anzunehmen, daß der Körper, der von Licht durchstrahlt wird, Theilchen enthält, welche selbst bestimmte Schwingungen machen und daher durch Schwingungen gleicher Dauer am meisten angeregt werden, wie wir bei dem Kirchhoff'schen Satze über Emission und Absorption gesehen haben. Ein Einwand könnte noch sein, daß die Masse des Aethers so verschwindend klein sei, daß man sich nicht denken könne, wie die Aethertheilchen die massigen Körpertheilchen in Bewegung setzen sollen. Doch haben wir schon früher gesehen, daß dem Aether ganz gut eine bestimmte Masse zugeschrieben werden kann, die wir nur deswegen nicht nachweisen können, weil die Masse überall ist. Und auf der andern Seite wissen wir, daß viele Billionen Aetherschwingungen in der Sekunde stattfinden, also an Zahl der Stöße ersetzt werden kann, was der Stärke derselben fehlt. Soll überhaupt das Licht eine Wirkung ausüben, so muß die Aetherschwingung in eine andere Bewegung übergehen, in eine Bewegung der Theilchen der Netzhaut, wenn es gesehen werden soll, in eine Bewegung der Theile eines Gefühlsnerven, wenn es als Wärme empfunden werden soll, in eine Bewegung der Körpertheilchen bis zur Trennung derselben, wenn es photographisch wirken soll u. s. w.

Wir können noch weiter gehen: da das Licht unter allen Umständen nicht blos leuchtet, sondern auch wärmt, chemische Wirkungen ausübt, Elektricität erregt u. s. w., so ist es besser von Aetherschwingungen überhaupt zu sprechen, die von einer Lichtquelle ausgehen und dabei nicht an Licht allein zu denken. Was aus diesen Aetherschwingungen wird, das hängt von dem auffangenden Körper ab. Auch der Blinde empfindet die Aetherschwingungen, aber nur als Wärme, nicht als Licht. Man denkt heutzutage nicht mehr daran, den Aetherschwingungen bestimmte Eigenschaften zu geben, damit sie das einemal Licht, das anderemal Wärme, das drittemal chemische Wirkung ausüben, sondern schreibt die verschiedene Art der Wirkung einfach dem aufnehmenden Körper zu. Es gibt in der Physik schon gar zu viele Beispiele, daß gleiche Bewegungserscheinungen verschiedene Wirkungen hervorbringen können, je nachdem der Körper beschaffen ist, auf den die Einwirkung stattfindet. Wenn z. B. verschiedene Induktionsströme immer den gleichen Ausschlag eines Galvanometers hervorbringen, so ist damit nicht gesagt, daß sie auch auf die Nerven gleiche Einwirkung hervorbringen. Die Nerven sind empfindlich für raschen Verlauf des Stroms unabhängig von der übergehenden Elektricitätsmenge, die Magnetnadel kümmert sich nur um die letzte und ist unempfindlich für den raschern Verlauf des Uebergangs. Wenn violettes Licht die Silbersalze leicht zersetzt, so folgt daraus noch nicht, daß andere Salze auch vorzugsweise durch dieses Licht zersetzt werden; man hat vielmehr gefunden, daß andere Salze durch andere Strahlen am stärksten zersetzt werden. Wir halten also die Vorstellung fest, daß von dem leuchtenden Körper Aetherschwingungen ausgehen, und daß diese je nach dem Körper, den sie treffen, die eine oder die andere Wirkung hervorbringen. Damit erweitert sich nun aber auch unsere Aufgabe beträchtlich. Wollen wir die Spektralanalyse erschöpfen, so haben wir die Aetherschwingungen überhaupt zu betrachten, nicht blos die sichtbaren.

Es ist Thatsache, daß Körper, welche erwärmt werden, ehe sie leuchten, ehe sie zum Glühen kommen, schon Wärme ausstrahlen. Es gibt also Aetherschwingungen, welche Wärme hervorbringen, aber nicht Licht, welche auf das Gefühl einwirken, aber nicht auf das Auge. Jedes Sinnesorgan ist auf eine bestimmte Reihe von Empfindungen beschränkt; wenn auch im Allgemeinen von Individuum zu Individuum die Grenzen schwanken, so ist doch im Durchschnitt das Gebiet jedes Sinnes ziemlich scharf abgegrenzt. Das Ohr kann Luftschwingungen als Ton empfinden, wenn etwa 20 in der Sekunde stattfinden oder mehr, aber die Empfindung hört auf, wenn die Zahl über 30 bis 40 Tausend steigt. Das Auge empfindet Aetherschwingungen, wenn deren 470 bis 760 Billionen in der Sekunde stattfinden, das Gefühl empfindet sie als Wärme bei einer beträchtlich kleineren Zahl von Schwingungen, und chemisch wirken sie auch noch bei einer beträchtlich größern Zahl.

Man kann sonach von verschiedenen Spektren reden: das *optische* Spektrum umfaßt alle die Aetherschwingungen, welche vom Auge erkannt werden, das *Wärmespektrum* alle diejenigen, welche Wärmeerscheinungen hervorbringen, sei es daß sie auf das Gefühl oder auf ein Thermometer der einen oder andern Art einwirken, das *chemische Spektrum* alle diejenigen, welche chemische Wirkungen hervorzubringen im Stande sind. Es gibt aber außerdem noch ein Mittel, unsichtbare Lichtstrahlen sichtbar zu machen, indem eine Anzahl Substanzen die Eigenschaft besitzen, statt der absorbirten unsichtbaren Aetherschwingungen andere auszusenden, welche dem Auge sichtbar sind: solche Körper nennt man fluorescirende, und spricht demnach von einem *Fluorescenzspektrum*.

Die heutige Physik sucht nach absoluten Maaßen, sie gestattet dem Beobachter nicht, ein beliebiges willkürliches Maaß anzunehmen, das nicht jeder andere Beobachter sich wieder verschaffen kann. Wir haben schon mehrfach die Bedeutung eines absoluten Maaßes kennen gelernt. In seinem Spektroskop kann Jedermann eine beliebige Skala anbringen und darnach seine Beobachtungen aufzeichnen, wenn er aber nicht angibt, direkt oder indirekt, wie aus seiner Skala auf die Schwingungsdauer geschlossen werden kann, so bleiben die Beobachtungen unbeachtet und unbenützbar liegen. Wenn er nur wenigstens angibt, welche Lage die Fraunhofer'schen Linien in seiner Skala haben, so ist schon einiges geschehen, es wird aber nicht mehr lange dauern, daß man die Angabe der Wellenlänge im leeren Raum verlangt. Wenn der Beobachter diese für ihn einfache Reduktion nicht vornimmt, so erzeugt er zu seinem eigenen Schaden bei Andern Unlust seine Beobachtungen zu verwerthen. Wenn ein Lichtstrahl durch seine Brechbarkeit, durch seine Ablenkung in einem bestimmten Prisma, charakterisirt wird, so wird ein Anderer mit einem andern Prisma eine andere Ablenkung finden, also kein Maaß haben für die Lage jenes Strahls. Eben deswegen reducirt man alles auf das Beugungsspektrum, wo die Lichtstrahlen immer, so oft die Zahl der hellen Theile des Gitters auf derselbe Breiten gleich ist, in gleicher Art und in gleichem Verhältniß für jedes beliebige Gitter vertheilt sind, so daß ein Schluß auf das Charakteristische eines Lichtstrahls, auf die Schwingungsdauer, unmittelbar möglich ist.

Bei der Wichtigkeit der Sache soll noch ein Beispiel aus einem andern Gebiet der Physik angeführt werden. Um die Stärke eines galvanischen Stroms zu messen, bestimmt man die Ablenkung einer Magnetnadel, um welche der Strom circulirt. Diese Ablenkung ist aber bei demselben Strom sehr verschieden je nach Größe, Lage und Zahl der Windungen, in welchen der Strom um die Magnetnadel geht. Solche Beobachtungen haben also keinen Werth, solange man nicht alle jene Dinge angibt. Da es aber eine sehr einfache Regel gibt, um mit Rücksicht auf jene Zahlen und Größenverhältnisse ein absolutes Maaß für die Stromstärke zu geben, so daß Boussolen der verschiedensten Art zum gleichen Resultat führen, das durch Rechnung gefunden wird aus den Dimensionen und der Beschaffenheit der Boussole, so verlangt man heutzutage von jedem Physiker, nicht einfach die Ablenkung der Magnetnadel seiner Boussole anzugeben, was nur ein relatives, für ihn giltiges Maaß ist, sondern die oben genannte Regel anzuwenden und das absolute Maaß anzugeben, das dann jeder andere mit seinen Instrumenten controlliren und mit seinen Beobachtungen vergleichen kann.

Die Messungen, die wir bis heute allgemein in Lehrbüchern der Physik über das Wärmespektrum und über das chemische Spektrum angegeben finden, scheinen jener Forderung der neuern Physik nicht zu entsprechen, wie sich durch kurze Darstellung der Art und Weise, wie sie gefunden worden sind, sogleich zeigen wird.

Schon Melloni wandte die Thermosäule an, um die Wärme an verschiedenen Stellen des Spektrums zu messen. Sie besteht aus Stäbchen zweier verschiedener Metalle, die bei Erwärmung der Löthstellen galvanische Ströme geben, welche durch ein empfindliches Galvanometer gemessen werden. Wismuth und Antimon sind die zwei Metalle, welche am besten hiezu verwendbar sind, weil sie bei schwacher Erwärmung schon stärkere Ströme geben. Wird eine Löthstelle zwischen Wismuth und Antimon erwärmt, so geht der Strom vom ersten zum letzten. Verbindet man solche Stäbchen in der Art, daß immer abwechselnd ein Stäbchen Wismuth und ein Stäbchen Antimon neben einander gelegt werden, doch ohne sich zu berühren, und dann zwei Enden rechts, dann zwei Enden links u. s. w. verlöthet werden, so hat man eine Thermosäule. Werden nämlich die Löthstellen rechts erwärmt, während die Löthstellen links ihre Temperatur behalten, so erhält man einen Strom, welcher der Temperaturdifferenz der Löthstellen proportional ist. Doch gilt dies nur für geringe Temperaturdifferenzen, bei höhern hört die Proportionalität auf, es tritt bei bestimmten Metallen sogar eine Umkehrung des Stroms ein. Innerhalb der kleinen Temperaturdifferenzen im Spektrum kann man annehmen, daß der entstehende Strom, wenn die eine Seite der Thermosäule einem Theile des Spektrums ausgesetzt wird, proportional der Wärme des betreffenden Theils ist.

Macht man diese Versuche, so findet man, daß die Wärme eine ganz andere Vertheilung im Spektrum hat, als das Licht. Das Maximum der Erwärmung liegt jenseits des Roth im unsichtbaren Theil des Spektrums. Aber es ergibt sich auch, daß Spektra verschiedener Prismen sich ganz verschieden verhalten. Seebeck fand die höchste Wärme beim Wasserspektrum im Gelben, also an gleicher Stelle wie das Lichtmaximum, bei Crownglas im Rothen, bei Flintglas nahe beim Rothen, aber im unsichtbaren Theil des Spektrums. Melloni fand das Maximum mit einem Prisma von Steinsalz jenseits des Rothen soweit entfernt, als das Grün vom Rothen abliegt.

Man erklärte sich diese Unterschiede zunächst dadurch,

daß an verschiedenen Stellen verschiedene Absorption der Wärmestrahlen stattfinde, und in der That ergaben mehrere Versuchsreihen, daß, wo Lichtstrahlen absorbirt werden, auch Wärmestrahlen theilweise verloren gehen. Jedoch kann Absorption allein nicht genügen, um alle Unterschiede zu erklären, schon deswegen nicht, weil Wärme auftritt, wo kein Licht ist, jenseits des Rothen. Von großem Interesse ist deswegen die Beobachtung von Knoblauch mit einem Gitterspektrum, wornach die Ausbreitung des Lichts der der Wärme entspricht. Hier kann von Absorption nicht die Rede sein. Doch sind diese Beobachtungen nicht zuverlässig genug, wegen der ungemein kleinen dabei auftretenden Wärme.

Draper hat die Frage in anderer Weise zu lösen versucht. Er geht davon aus, daß im Spektrum in der Regel die violetten Strahlen stärker zerstreut werden, als die rothen. Wenn also eine Thermosäule von bestimmter Breite von Stelle zu Stelle fortgerückt wird, so erhält sie im Rothen und voraussichtlich noch jenseits des Rothen viel mehr Strahlen, als im Violetten; die weniger brechbaren Strahlen erscheinen concentrirt, die stärker brechbaren verdünnt. Wenn daher ein Thermometer irgend welcher Art nach und nach von den stark ausgebreiteten, brechbareren Gegenden nach den stark condensirten, weniger brechbaren verschoben wird, so können die erhaltenen Werthe als Ausdruck der wirklichen Vertheilung nicht angesehen werden, um so weniger, da jedes Prisma anders zerstreut. Die Oberfläche des Thermometers erhält offenbar in den weniger brechbaren Theilen mehr Wärme, in den brechbareren weniger.

Versuche, am Beugungsspektrum Wärmemessungen anzustellen, gaben keine befriedigenden Resultate. Es wurde also eine andere Methode versucht. Da nach Angström die Wellenlänge der Linie A 760, die von H 393 Milliontel Millimeter beträgt, so entspräche die Mitte des Beugungsspektrums der Zahl 577, liegt also nicht weit von der Natriumlinie, welcher die Zahl 589 zukommt. Vereinigt man die Strahlen zwischen 760 und 577 in einem Brennpunkt und die Strahlen zwischen 577 und 393 in einem andern, so müßte man nach der frühern Ansicht in jenen mehr Wärme finden, als in diesen. Es wurden darnach die Strahlen zwischen A und D durch Blendungen, die rechts und links lagen, von den übrigen gesondert und durch einen Hohlspiegel aus Metall in einem Brennpunkt vereinigt, und dann die Wärme in diesem Brennpunkt mit einer Thermosäule gemessen. Ebenso verfuhr Draper nachher mit den Strahlen zwischen D und H. Was an Wärme verloren ging, durch Absorption der Atmosphäre der Sonne und der Erde, des Spiegels und der Thermosäule, war beidemal gleich, wie er glaubt; doch werden hier wohl Zweifel gestattet sein, da z. B. Thatsache ist, daß das rothe Licht wenigstens von der Erdatmosphäre anders absorbirt wird, als Gelb u. s. w. Das Resultat bei vier verschiedenen Prismen, aus Quarz, Schwefelkohlenstoff, Steinsalz und Flintglas, war immer dasselbe, die eine Hälfte des Spektrums gab soviel Wärme, als die andere.

Ein anderes allgemeineres Verfahren wäre das von Vierordt angewandte, um die absolute Lichtstärke im Sonnenspektrum zu finden. Wenn ein bestimmter Theil des Spektrums, welches ein beliebiges Prisma gibt, eine bestimmte Wärmemenge gibt, so ist, wenn man von der Absorption absieht, diese Wärmemenge in gleichem Maaße zu vergrößern oder zu verkleinern, in welchem jener Theil im Beugungsspektrum kleiner oder größer ist. Um diese Methode ausführen zu können, müßte man von den Grenzen jedes Bezirks des Spektrums, welches auf die Thermosäule einwirkt, den Brechungsquotienten und die Wellenlänge kennen, was insbesondere für die jenseits Roth liegenden Strahlen seine Schwierigkeit hat, da die Wellenlänge aus dem Beugungsspektrum gefunden wird, dieses aber zu wenig Wärme gibt, um an einzelnen Stellen die Wärmemenge zu messen.

J. Müller hat eine solche Untersuchung für den sichtbaren Theil des Spektrums und unter bestimmten Voraussetzungen auch für den jenseits des Roth liegenden durchgeführt. Die Breite der bestrahlten Fläche der Thermosäule betrug eine Pariser Linie, sie wurde längs des Spektrums und über das Roth hinaus verschoben, es ergaben sich die Ablenkungen des Galvanometers:

	Crownglas	Steinsalz
Grenze von Indigo und Violet:	2°	
Mitten im Blau	4	3,7
„ „ Gelb	7	7,9
„ „ Roth	10	10,0
1 Linie jenseits Roth	12	13,2
2 Linien „ „	11	15,9
4 „ „ „	7	13,2
6 „ „ „	2	1,7

Das Spektrnm war mit einem Crownglasprisma entworfen und nachher mit einem Steinsalzprisma. Die Zahlen stimmen innerhalb des sichtbaren Spektrums ziemlich überein, so daß man an der Identität der thermischen Intensitätskurve für Glas und Steinsalz innerhalb des sichtbaren Theils des Spektrums nicht zweifeln kann. Ueber das Roth hinaus gehen aber die Kurven einen wesentlich verschiedenen Gang. Wenn man die Brechungsquotienten des Crownglases und die entsprechenden Wellenlängen kennt, so kann man nach dem Frühern eine Kurve construiren, welche ihre Beziehung zu einander unmittelbar gibt (siehe Figur 29.).

Die Fraunhofer'schen Linien H, G, F, D, B sind auf

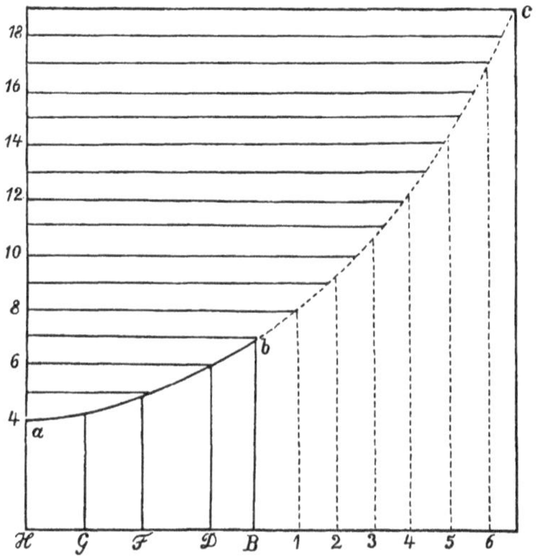

Fig. 29.

einer Geraden nach ihrem Abstand im Crownglasspektrum aufgetragen, senkrecht zu der Geraden sind Linien gezogen, deren Größe der entsprechenden Wellenlänge proportional ist (ganz in gleicher Weise wie für das Flintglasspektrum des Kirchhoff'schen Spektroskops, S. 66). Damit erhält man ein Kurvenstück a b, welches die Beziehung zwischen Wellenlänge und Lage im Crownglasspektrum vorstellt. Angenommen, daß diese Beziehung in ähnlicher Weise für jenseits Roth gilt, so darf man nur jene Kurve verlängern in der Art, daß die Verlängerung mit dem ursprünglichen Kurvenstück einen gleichmäßigen Verlauf hat, z. B. b c, und hätte dann für jede Wellenlänge die zugehörige Stelle im Crownglasspektrum und umgekehrt. Willkührlich ist diese Verlängerung freilich in höherem oder geringerem Grad, aber vorerst haben wir kein anderes Mittel. Hat man das Wärme-Spektrum vom Crownglas entworfen (Figur 30.), so bezeichne man diejenigen Ordinaten, welche

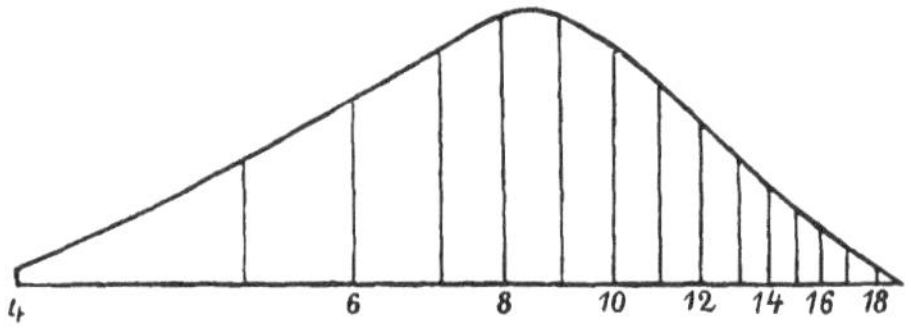

Fig. 30.

den Wellenlängen 4, 5, 6 u. s. w. Zehntausendel Millimeter entsprechen. Ihre Abstände von einander ergeben sich aus der Kurve a b c der vorhergehenden Figur 29. Z. B. die Länge 4 bis 8 ist nichts anders, als der Abstand von 8 bis zur Kurve a b c, weil in dieser Entfernung die Wellenlänge 8 Zehntausendel Millimeter beträgt. So erhält man in Figur 30 die Wärmemaße für die Strahlen der verschiedenen Wellenlängen, ausgedrückt durch die Ordinaten der Wärmekurve. Will man nun die Wärmekurve für das Beugungsspektrum, so trägt man 15 gleiche Theile von 4 bis 19 auf einer Geraden auf, denn beim Beugungsspektrum sind ja Strahlen mit gleichem Unterschied in der Wellenlänge auch im Raum gleich weit auseinander. Und nun ist eine Kurve zu construiren, welche zwischen je zwei aufeinanderfolgenden Ordinaten 4 — 5, 5 — 6 u. s. w. denselben Flächenraum enthält, wie die andere bekannte Kurve zwischen den entsprechenden Ordinaten.

Bei der Ungenauigkeit der Beobachtungen geschieht dies, indem man jede Ordinate der Figur 31 größer nimmt im Verhältniß des Abstands der zwei benachbarten Ordinaten in Figur 30 zu demselben Verhältniß in Figur 31. Auf diese Weise ergibt sich die Wärmekurve des Beugungsspektrums, die im Allgemeinen denselben Verlauf hat, wie die Lichtkurve, nur auf Seite des Roth sich weiter ausdehnt.

Nicht berücksichtigt ist bei dieser Wärmekurve die Absorption der Wärme durch das Crownglas-Prisma. In-

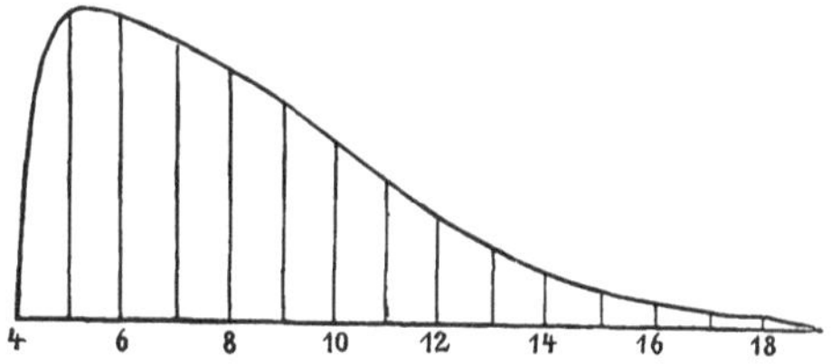

Fig. 31.

sofern wäre das Steinsalzprisma vorzuziehen, weil das Steinsalz die Eigenschaft hat, alle Wärmestrahlen ohne Unterschied durchzulassen, da es von allen Substanzen am vollkommensten diatherman ist. Aber die Beobachtungen der Brechungsquotienten sind mit dem Steinsalz nicht gut auszuführen, da dasselbe an der Oberfläche nicht so polirt werden kann, daß man scharfe Bilder der Fraunhofer'schen Linien erhält.

Wenn man auch die Verlängerung des Kurvenstücks a b nach Augenmaß verwirft, da sie willkürlich ist, so folgt doch aus den obigen Beobachtungen und durch die Reducirung auf das Beugungsspektrum, daß schon im sichtbaren Theil des Spektrums ein Maximum der Wärmewirkung eintritt, und es spricht dies wieder ganz dafür, daß Wärme und Licht Erscheinungen sind, die von denselben Schwingungen herrühren.

Während das klare Steinsalz alle Lichtstrahlen und alle Wärmestrahlen durchläßt, also für Wärme und Licht gleich unempfänglich ist, die Schwingungen weder des einen noch des andern absorbirt, verhalten sich alle andern Substanzen (vielleicht mit Ausnahme von Chlorkalium) verschieden. Besonders auffallend ist der Gegensatz von Alaun und einer Lösung von Jod in Schwefelkohlenstoff, jener ist durchsichtig, läßt aber beinahe keine Wärme durch, diese ist nahezu undurchsichtig, läßt aber beinahe alle Wärme durch. Füllt man zwei kugelförmige Fläschchen, die als Kugellinsen wirken können, mit Alaunlösung und mit Jod-Schwefelkohlenstoff, und bringt sie in ein Büschel Sonnenstrahlen oder Strahlen des elektrischen Lichts, so erhält man beim Alaun einen blendend hellen Brennpunkt, der aber keine Wärme gibt, also besser Vereinigungspunkt der Lichtstrahlen genannt wird; bei dem undurchsichtigen Jod-Schwefelkohlenstoff dagegen erhält man einen dunklen Brennpunkt, in welchem Feuerschwamm sich entzündet und ein dünner Platindraht zum Glühen kommt. Tyndall nennt diese Erscheinung Calorescenz.

Diese Thatsache scheint dagegen zu sprechen, daß dieselben Schwingungen Wärme oder Licht hervorbringen, je nach der Art des Körpers, der von ihnen getroffen wird. Denn wenn Alaun das Licht durchläßt, so muß er auch die Schwingungen durchlassen, welche hinter ihm das Licht erzeugen, und wenn ein passender Körper in den Brennpunkt der mit Alaunlösung gefüllten Kugelflasche gebracht wird, so muß dieser durch jene Schwingungen erwärmt werden. Man könnte sich nur dadurch helfen, daß man sagt, alle unsichtbaren Schwingungen werden absorbirt, die sichtbaren gehen durch, die Erwärmung sei also kleiner, doch immer noch vorhanden. Es wäre nöthig, hierüber neue Versuche anzustellen, insbesondere die Wärmemenge zu messen, welche durch den Alaun geht. Thatsache ist, daß die Alaunlösung erwärmt wird, also Aetherschwingungen absorbirt. Bei der Jodlösung müßte, weil Licht absorbirt wird, auch Wärme absorbirt werden, also müßten die unsichtbaren Aetherschwingungen die Wärme hervorbringen. Es fehlt auf diesem Gebiete noch zu sehr an genauen Beobachtungen über Wärmemengen, als daß schon jetzt eine definitive Antwort auf die Frage, ob Wärme und Licht von denselben Aetherschwingungen herrühren, möglich wäre. Im Allgemeinen neigen aber die Physiker entschieden auf Seite der Bejahung.

Wenn Wärme und Licht von denselben Aetherschwingungen herrühren, so ist die Thatsache, daß ein Platindraht hinter der Jodlösung glühend wird, um so merkwürdiger. Es würden darnach durch die Jodlösung nur unsichtbare Schwingungen gehen, Strahlen mit großen Wellenlängen, und diese Strahlen müßten im Stande sein, den Platindraht zum Glühen zu bringen, also Licht, d. h. Schwingungen mit kürzeren Wellenlängen hervorzubringen. Zur Erklärung dieser Erscheinung hat man sich genöthigt gesehen, anzunehmen, daß die Einstrahlung die Theilchen in Bewegung setze, diese aber ihre von der Temperatur abhängigen eigenen Strahlen entwickeln, d. h. die ankommenden Schwingungen des Aethers geben an die Körpertheilchen ihre lebendige Kraft ab und die abgegebene lebendige Kraft tritt nun in andern Schwingungen auf, in allen, welche das Theilchen mit seinen Atomen überhaupt machen kann. Die Kohlentheilchen, welche die Gasflamme zu einer leuchtenden machen, erhalten zunächst von dem brennenden Gas nur Schwingungen großer Wellenlängen, also unsichtbare, aber sie leuchten doch, weil sie durch jene Schwingungen angeregt mit allen ihnen eigenthümlichen Schwingungen sich bewegen und darunter sind auch die sichtbaren Schwingungen. Ebenso leuchtet Platindraht in einer nichtleuchtenden Wasserstoffflamme erhitzt. Wir werden bei der Fluorescenz auf die gleiche Hypothese zurückkommen.

2. Chemisches Spektrum.

Wie man bisher die Wärmewirkung des Spektrums nur in weniger brechbaren Theil desselben und noch jenseits des Rothen gesucht hat, so glaubte man die chemische Wirkung auf den brechbarsten Theil, das Violet und die ultravioletten Strahlen, beschränkt. Es ist Thatsache, daß die uns bekannteste und am häufigsten angewandte chemische Wirkung des Lichts bei der Photographie hauptsächlich auf den Schwingungen des Violet und den darüber hinaus liegenden beruht, daß insbesondere Roth mit seinen Schwingungen nur ganz schwach auf das photographische Präparat einwirkt.

Auch hier hat Draper nachzuweisen gesucht*), daß man zu bald ein allgemeines Urtheil gefällt hat, das nur auf spezielle Vorgänge paßt. „Die gewöhnliche Anschauung," sagt Draper, „über die Vertheilung der chemischen Kraft im Spektrum ist nur basirt auf das Verhalten einiger Silberverbindungen. Diese schwärzen sich, wenn sie den brechbareren Strahlen ausgesetzt werden und scheinen von den weniger brechbaren nicht afficirt zu werden. Aber jeder Theil des Spektrums, gleichgiltig welches seine Brechbarkeit ist, kann chemische Veränderungen hervorbringen und deshalb gibt es keine besondere Lokalisirung der Kraft auf irgend ein bestimmtes Gebiet."

Wenn z. B. eine metallische Daguerrotypplatte mit Jodsilber überzogen ist und bei sorgfältiger Abhaltung jedes fremden Lichts der Einwirkung eines Spektrums unterworfen wird, so entsteht beim Entwickeln mit Quecksilberdampf eine Wirkung in allen schneller schwingenden Theilen des Spektrums. Wenn jedoch die Metallplatte, während sie dem Spektrum ausgesetzt ist, gleichzeitig wenig

*) Philosophical Magazine. Dez. 72.

intensives, diffuses Tageslicht erhält, so findet man beim Entwickeln, daß die erhaltene Wirkung sich wesentlich von der vorigen unterscheidet. Jeder Strahl, den das Prisma durchläßt, von jenseits des äußersten Roth bis über das äußerste Violet hinaus, zeigt seine Wirkung. Man sieht die ultrarothen Wärmelinien. Das allgemeine Ansehen des Spektrums zeigt sofort, daß die weniger brechbaren Strahlen die Wirkung des Tageslichts aufhalten und das Jodsilber vor der Veränderung schützen können.

Die Wirkung ist die gleiche, wenn die Metallplatte, ehe sie dem Spektrum ausgesetzt wird, für einige Momente in schwaches Tageslicht gebracht wird. Es ist sonach der Schluß naheliegend, daß jeder Strahl, jede Schwingung auf Jodsilber einwirken kann, daß es aber wesentlich auf die Umstände ankommt, ob die Wirkung stärker oder schwächer auftritt.

Eine Lösung von westindischem Erdpech in Benzin, in dünnster Schicht über Glas ausgebreitet, wird vom Licht in der Art verändert, daß die getroffenen Stellen in Benzin nicht mehr löslich sind. Setzt man eine solche Platte dem Spektrum aus und entwickelt, so zeigt sich die Wirkung ebenfalls von jenseits A bis über H hinaus.

Die Botaniker sind alle darüber einig, daß die Zerlegung der Kohlensäure durch die Pflanzen unter dem Einflusse des Sonnenlichtes durch die weniger brechbaren Strahlen bedingt ist. Also auch hier ein Beweis, daß die chemische Wirkung durchaus nicht auf die brechbarsten Strahlen beschränkt ist.

Außer den Versuchen und Beweisen von Draper sind noch eine Reihe von Thatsachen anzuführen, welche den Satz bestätigen, daß unter Umständen jede Schwingung chemisch wirken kann. Schulz-Sellack hat die Empfindlichkeit verschiedener Silbersalze gegen Spektralfarben geprüft und gefunden, daß Brom-Jod-Collodiumplatten bis zur Linie E im Grün empfindlich sind. Vogel *) fand bei Bromplatten, wie sie Wortley in New-York präparirt, wenn sie alkalisch entwickelt werden, eine Einwirkung bis zur Gegend zwischen E und D. Eine noch weitergehende Farbenempfindlichkeit zeigt trockenes Bromsilber, nämlich noch über D hinaus, also bis in's Orange hinein. Dagegen ist seine Empfindlichkeit für Blau schwächer, als die des nassen Bromsilbers.

Vogel kam auf die Vermuthung, daß die amerikanischen Bromplatten einen Stoff enthalten, welcher das Grün und Gelb absorbirt und so eine verstärkte Einwirkung auf das Bromsilber herbeiführt. Um über diese Vermuthung Sicherheit zu bekommen, imprägnirte er das Bromsilber mit Korallin, welches in dünner Lösung einen Absorptionsstreifen zwischen D und E gibt, der sich in dichtern Lösungen bis über D hinaus verbreitert, während das Blau bei F in ziemlich bedeutendem Grade durchgelassen wurde.

„Ich löste Korallin in Alkohol und setzte davon meinem Brom-Collodium zu, so daß es kräftig roth gefärbt war. Mit diesem Collodium wurden Bromsilbertrockenplatten dargestellt, die deutlich roth gefärbt waren und die

*) Dr. H. Vogel, Professor an der Gewerbeakademie in Berlin (nicht zu verwechseln mit dem Astronomen Dr. H. C. Vogel, früher in Bothkamp, jetzt an der Sonnenwarte in Potsdam, der im astronomischen Theil vielfach genannt wurde).

dem Spektrum exponirt meine Voraussetzung bestätigten; d. h. die Platten zeigten sich empfindlich im Indigo, von da nahm die Empfindlichkeit gegen Hellblau hin ab, wurde bei F schwach, nahm dann wieder zu und zeigte sich im Gelb fast ebenso kräftig, wie im Indigo. So war also ein Mittel gefunden, Bromsilberplatten zu fertigen, die von einer bisher für chemisch unwirksam gehaltenen Farbe, nämlich Gelb, ebenso kräftig afficirt wurden, als von dem Indigo, das bisher für die chemisch am kräftigsten wirkende Farbe galt..

Nach diesem Versuch durfte ich hoffen, daß irgend ein anderer brombindender Körper, der das Roth kräftig absorbirte, auch die Empfindlichkeit des Bromsilbers für das Roth erhöhen würde. Solchen Körper fand ich unter den grünen Anilinfarbstoffen. Derselbe absorbirte kräftig die rothen Strahlen in der Mitte zwischen D und C; die Absorption erstreckte sich bei größerer Concentration weiter nach D hin, Gelb, Grün und Blau gingen fast ungeschwächt hindurch. Ein mit diesem Grün gefärbtes Collodium erwies sich in der That als lichtempfindlich bis ins Roth hinein. Die Empfindlichkeit nahm von Indigo nach Gelb hin ab, dann wieder zu und an derselben Stelle, wo der oben gedachte Absorptionsstreifen aufgetreten war, zeigte sich eine kräftige Wirkung im Roth.

Aus diesen Versuchen glaube ich mit ziemlicher Sicherheit schließen zu dürfen, daß wir im Stande sind, Bromsilber für jede beliebige Farbe lichtempfindlich zu machen, beziehungsweise die bereits vorhandene Empfindlichkeit für gewisse Farben zu steigern; es ist nur nöthig, einen die chemische Zersetzung des

Bromsilbers befördernden Stoff zuzusetzen, welcher die betreffende Farbe absorbirt, die andern nicht. Vielleicht kommen wir noch dahin, Ultraroth zu photographiren, wie man bisher Ultraviolet photographirte. Die bisher so störende photographische Unwirksamkeit gewisser Farben dürfte dann überwunden sein."

Es geht aus diesen Versuchen Vogel's das wichtige Resultat hervor, daß die chemische Wirkung von Lichtstrahlen nicht von ihrer Schwingungsdauer abhängt, daß es nicht besondere chemische Lichtstrahlen gibt, sondern daß jeder Körper, der überhaupt durch Licht zersetzbar ist, für jede Lichtart empfindlich gemacht werden kann, wenn man ihm einen passenden Stoff zusetzt, der diese Lichtart stark absorbirt. Er hält die Schwingungen zurück in der Lösung und vermittelt dadurch ihre Einwirkung auf die zersetzbare Substauz. Wird ein solcher Stoff nicht zugesetzt, so wird der zersetzbare Körper nur durch diejenigen Strahlen zersetzt werden, die er selbst zu absorbiren im Stande ist.

Was mit Bromsilberplatten gelang, ließ sich, wenn auch in geringerem Grad, mit Jodsilber und Chlorsilber ebenfalls erreichen. Man kann z. B. Chlorsilberplatten anfertigen, welche für das Gelb am empfindlichsten sind, wie das menschliche Auge.

3. Fluorescenz.

Brewster war der erste, welcher fand, daß eine Anzahl flüssiger und auch starrer Körper die Eigenschaft haben, mit einem eigenthümlichen Lichte zu leuchten, das ganz anderer Art ist, als dasjenige, von welchem sie getroffen werden. Besonders deutlich zeigt sich die Erscheinung, wenn alles fremde Licht abgehalten, also in dunkelm Zimmer operirt wird. Man läßt das Sonnenlicht, das durch einen Heliostaten ins Zimmer geworfen wird, durch eine Linse gehen (am besten eine Bergkrystalllinse, weil Glas zuviel ultraviolette Strahlen absorbirt, welche besonders die genannte Wirkung haben) und den Körper so treffen, daß der Brennpunkt der Linse in denselben fällt. In dem convergirenden und dann wieder divergirenden Strahlenkegel entwickelt sich ein Leuchten, das den Kegel selbst undurchsichtig, trübe mit eigenthümlicher Farbe erscheinen läßt, wenn man ihn von der Seite der ankommenden Lichtstrahlen betrachtet, während beim Durchsehen durch den Körper entgegengesetzt der Richtung der ankommenden Lichtstrahlen nur die Intensität der Beleuchtung, aber nicht die Farbe geändert erscheint.

Stokes, der die Erscheinung vielfach untersuchte, nannte sie Fluorescenz. Er fand, daß Licht, welches durch roth oder gelb gefärbte Gläser gegangen ist, ganz oder beinahe unwirksam ist, um Fluorescenz zu erzeugen; blaue und violette Gläser dagegen wirken sehr stark. Wenn man etwas Kaliumplatincyanür auf Papier bringt und durch ein blaues Glas hindurch beleuchtet, so leuchtet es sehr stark, durch ein rothes ist es nahezu dunkel. Durch das blaue Glas gehen die Strahlen, welche die Fluorescenz erregen; das Kaliumplatincyanür leuchtet also erstens mit seinem eigenen Fluorescenzlicht und zweitens mit dem diffusen Tageslicht, und erscheint daher heller als die blos durch das letzte erleuchtete Umgebung. Läßt man dagegen das Licht durch rothes Glas gehen, so erscheint das Kaliumplatincyanür dunkel, weil es kein eigenes Licht aussendet und, da es selbst grünlich-gelb erscheint, durch rothe Strahlen nur schwach erleuchtet wird.

Ein helles Licht auf das Wesen der Fluorescenz wirft der Versuch von Stokes, um ganz schwache Fluorescenz zu entdecken. Sonnenlicht geht zunächst durch ein Glas oder eine Flüssigkeit, welche die unwirksamen gelben und rothen Strahlen absorbiren; dann durch ein mit Silber gefärbtes Glas, welches die blauen und violetten Strahlen nicht durchläßt. Hinter beiden Mitteln ist es nahezu dunkel, sobald aber zwischen beiden ein fluorescirendes Mittel eingeschaltet wird, so erhält man Strahlen, welche durch das Silberglas gehen. Es wird also nicht Licht absorbirt oder vernichtet, d. h. in Energie anderer Art verwandelt, sondern es wird etwas neues, eine andere Lichtart gebildet, und insofern hat die Fluorescenz Aehnlichkeit mit der Calorescenz, bei welcher dunkle Wärmestrahlen einen Platindraht zum Glühen bringen, also Wärmestrahlen anderer Art hervorbringen.

Sehr viele organische Substanzen und vorzugsweise organische Substanzen sind es, welche die Eigenschaft des Fluorescirens zeigen, in den verschiedensten Farben, wie folgende Beispiele zeigen:

Chlorophylltinktur fluorescirt	roth ins Grünliche
Infusorienaufguß	blutroth
Magdalaroth	schön orange
Lakmustinktur	orange
Brasilin	goldgelb

Kaliumplatincyanür	schön gelb
Uranglas und Galläpfeltinktur	gelb
Lavendelöl	grüngelb
Curcumalösung, Sabadillsamen und Tangkabohnenextrakt	hellgrün
Naphtha in Schwefelkohlenstoff	tiefgrün
Kienrußextrakt	blaugrün
Aeskulinextrakt, schwefels. Chinin	schön blau
Lykopodiumaufguß, wässrige Lösung von fraxinus ornus, Aufguß von durch Schwefelsäure verkohltem Zucker	tiefblau.

Die Beobachtung der Fluorescenz geschieht einfach, indem man die Lösung gegen das Licht hält und sie in gleicher Richtung, in der das Licht ankommt, betrachtet. Intensiver wird die Erscheinung, wenn man Sonnenlicht direkt auffallen läßt, noch intensiver, wenn man dasselbe durch eine Sammellinse in einem Kegel concentrirt. Der Lichtkegel nimmt von außen nach innen an Intensität ab, es scheint daraus zu folgen, daß die Absorption zunächst in den äußersten Schichten stattfindet, in den folgenden mehr und mehr abnimmt. Eben deswegen wird nur das von den äußersten Schichten ausgehende, nach außen, nicht durch die Lösung gehende Licht sichtbar sein. Beim Durchsehen entgegengesetzt der Richtung des ankommenden Lichts wird das fluorescirende Licht absorbirt. Höchstens bemerkt man an der Oberfläche der Lösung Spuren von Fluorescenz. Lichtstrahlen, welche durch die Lösung hindurchgehen und an der ebenen Oberfläche regelmäßig reflektirt wieder austreten, geben Anlaß dazu.

Zur genauern Untersuchung der Fluorescenz ist das Spektrum nöthig. Es handelt sich um die Fragen, welche Lichtarten das Fluorescenzlicht erregen und welcher Art das Fluorescenzlicht ist.

Zunächst ist die schon von Stokes behauptete Thatsache, daß Fluorescenz und Absorption sich entsprechen müssen, durch viele Versuche vollständig nachgewiesen. Soll ein besonderes Licht entstehen, so muß es auf Kosten von anderem Lichte geschehen: es müssen zuerst Schwingungen absorbirt werden, aufhören in bisheriger Art sich zu zeigen, ehe Schwingungen anderer Art auftreten können. So zeigt z. B. das Naphthalinroth (Magdalaroth der Engländer, eine Anilinfarbe) in verdünnter Lösung an drei Stellen des Spektrums besonders starke Absorption, es ist dies in der Nähe der Fraunhofer'schen Linien D, E und H. Genau an denselben Stellen ist auch die Fluorescenz am stärksten, das Fluorenzlicht ist dabei überall gleicher Art, mag es durch gelbe oder grüne oder blaue oder violette Strahlen erregt sein.

Denken wir uns in ein dunkles Zimmer durch eine horizontale Spalte in einem Fensterladen Sonnenlicht einfallend. Hinter der Spalte befindet sich ein Prisma mit horizontal liegender brechender Kante, so gestellt, daß die ankommenden Strahlen mit kleinster Ablenkung nach unten geworfen werden. Auf den Boden ist ein Gefäß mit der Lösung aufgestellt so, daß das Spektrum auf die Oberfläche der Flüssigkeit fällt. Eine Hälfte des Spektrums (der einen Hälfte der Spalte entsprechend) wird auf einer weißen Thonplatte aufgefangen, welche in gleichem Niveau mit der Flüssigkeitsoberfläche sich befindet. Man sieht dann auf der Platte das Spektrum mit den Fraunhofer'schen Linien, wenn das Gefäß in der richtigen Entfernung steht, damit ein deutliches Bild der Spalte auf der Platte entstehen kann, und neben diesem Spektrum das Fluorescenzlicht der Flüssigkeit. Man überzeugt sich augenblicklich, daß das Fluorescenzlicht überall gleich ist, also durch dieselben Schwingungen hervorgebracht wird, mag es neben Grün oder Gelb oder Blau u. s. w. der Thonplatte gesehen werden, und man erkennt augenblicklich die Stellen, wo die Fluorescenz am intensivsten auftritt und kann dieselben nach der Lage der Fraunhofer'schen Linien angeben. Ob diese Stellen diejenigen sind, wo beim durchgehenden Licht die Absorption am stärksten ist, davon muß man sich durch besondere Untersuchung überzeugen, am besten nach dem Verfahren von Vierordt (s. Seite 166).

Daß Fluorescenz nur auftritt, wo Absorption stattfindet, und desto intensiver, je stärker die Absorption ist, darüber sind alle Physiker einig. Dagegen ist noch unentschieden, ob ein von Stokes aufgestellter Satz, daß nämlich das Fluorescenzlicht keine Schwingungen enthalte, welche rascher verlaufen als die des erregenden Lichts, oder wie man gewöhnlich sagt, daß das Fluorescenzlicht weniger brechbar sei als das erregende, nur eine Regel oder ein Gesetz ist. Hagenbach behauptet das letztere. Er fand, daß beim Naphthalinroth das Spektrum des Fluorescenzlichts ein continuirliches von C etwa bis zur Mitte von D und E gehendes sei, also wesentlich roth und gelb zeige. Wenn man das erregende Licht mehr und mehr auf langsamere Schwingungen beschränkt, was einfach dadurch erreicht wird, daß man von der Seite des

Violeten her einen dunkeln Schirm schiebt, um die brechbareren Strahlen abzuhalten, so ändert sich an dem Spektrum des Fluorescenzlichtes, abgesehen von der Intensität, Nichts, solange der Schirm die Mitte zwischen D und E noch nicht erreicht hat. Dann aber wird in gleichem Maße das Spektrum des Fluorescenzlichts auf Seite des Gelben abgekürzt, in welchem der Schirm vorrückt. Werden z. B. alle Strahlen über D hinaus gegen Violet abgehalten, so zeigt jenes Spektrum nur Roth und Gelb bis D, aber Nichts darüber hinaus, ein deutlicher Beweis, daß kein Fluorescenzlicht mit schnelleren Schwingungen erzeugt werden kann, als das erregende Licht hat.

Lommel fand die Absorption und die Ausdehnung der Fluorescenz übereinstimmend mit dem eben Angeführten; aber er fand, daß bei Beleuchtung der Lösung mit dem homogenen Natronlicht das Fluorescenzspektrum dieselben Grenzen zeige, wie bei weißem Licht, also über D hinaus. Das homogen gelbe Natronlicht hätte also nicht blos rothe und orangegelbe Strahlen von kleinerer, sondern auch gelbe von gleicher und grünlichgelbe von größerer Brechbarkeit erregt. „Da das Spektrum des Fluorescenzlichts jenseits D bald aufhört und daselbst schon sehr lichtschwach ist, und das erregende Natriumlicht selbst keine große Intensität besitzt, so konnte nur mit großer Aufmerksamkeit, aber doch mit aller Bestimmtheit, konstatirt werden, daß auch jenseits der Natriumlinie nach der brechbareren Seite hin noch Fluorescenzlicht vorhanden war. Immerhin war zu wünschen, daß das für Natriumlicht gefundene Resultat mehr augenfällig bestätigt werde."

Diese Beobachtung würde also der von Hagenbach

gemachten direkt widersprechen. Eine Entscheidung der Frage läßt sich wohl von noch intensiver fluorescirenden Substanzen erwarten, wie sie heutzutage in der Anilinfabrikation so häufig auftauchen.

Auch mit einem Kupferoxydulglas, welches nur das brechbarere Roth durchließ, konnte man das Magdalaroth zum Fluoresciren bringen, es fluorescirte in diesem rothen Licht mit seiner gewöhnlichen orangegelben Farbe. Eine Untersuchung mit dem Spektralapparat gab für das erregende Licht ein Spektrum, welches nicht ganz bis D ging, mit den Fraunhofer'schen Linien; für das fluorescirende Licht dagegen ein Spektrum, welches deutlich über D hinaus ging. Das Rubinglas hat also nicht blos rothe, sondern auch die brechbareren gelben und grüngelben Strahlen hervorgerufen.

„Das Stokes'sche Gesetz, wonach die Brechbarkeit der erregenden Strahlen stets die obere Grenze bilden soll für die Brechbarkeit der erregten, ist demnach kein Naturgesetz, sondern nur eine Regel, welche wohl für die Mehrzahl der Fluorescenzerscheinungen zuzutreffen scheint, mit dem Wesen derselben aber in keinem nothwendigen Zusammenhang steht. Es ist irrig, die Fluorescenz als einen Vorgang zu bezeichnen, bei welchem stets brechbarere Strahlen in weniger brechbare umgewandelt werden."

Lommel hat eine Theorie der Fluorescenz aufgestellt, die auf den zwei Thatsachen fußt: erstens, daß jeder absorptionsfähige Lichtstrahl die fluorescirende Flüssigkeit gleichsam zum Selbstleuchten erregt, und zweitens, daß jeder homogene Lichtstrahl die nämliche zusammengesetzte Fluorescenzfarbe hervorruft.

Nach der jetzt geltenden Ansicht der Chemiker besteht ein Molekül aus einer Anzahl Atome, die in bestimmter Ordnung gruppirt sind. Die Physiker umgeben jedes Atom und wieder jedes Molekül als Ganzes mit einer Hülle von Aether. Vermöge der jedem Molekül eigenthümlichen Verkettung der Atome ist wahrscheinlich, daß in seinem Complex nur bestimmte Schwingungen vorkommen können, Schwingungen der Atome im Molekül, Schwingungen des Moleküls selbst und Schwingungen der Aethertheilchen, welche die Hüllen der Atome und des Moleküls bilden. Es scheint sehr selten zu sein, daß nur Schwingungen *einer* Art auftreten, wie beim Thallium, oder Schwingungen sehr wenig verschiedener Arten, wie beim Natrium (die Natriumlinie erscheint bei sehr starker Zerstreuung und Vergrößerung bis zu sechsfach). Bei Gasen, wo die Moleküle am freiesten sind, am ungestörtesten schwingen können, treten im Spektrum helle Linien auf, es sind nur einzelne, unter sich verschiedene Schwingungen, welche vorkommen. Im Gegensatz dazu steht der glühende flüssige und starre Körper mit dem kontinuirlichen Spektrum, seine Moleküle werden bei heftiger Bewegung unter Einwirkung vielfacher gegenseitiger Stöße zu allen möglichen Schwingungen genöthigt. Solange dagegen der flüssige oder starre Körper nicht glüht, bei gewöhnlicher Temperatur, wird das einzelne Molekül mit seinen Atomen auch bestimmte Schwingungszustände anstreben, aber bei seiner engen Verkettung mit anderen Molekülen nicht vollständig erreichen. Es werden außer den angestrebten noch die benachbarten Schwingungen mit entstehen. Man erhält also Streifen von größerer Breite im Spektrum. Im Allgemeinen werden wir also sagen können, daß eine Flüssigkeit zu einer größeren Anzahl von Schwingungen fähig ist, daß sie für diese Schwingungen abgestimmt ist, wie man in der Akustik sagen würde.

Wird nun das Molekül von Lichtschwingungen getroffen, deren Periode mit einer jener dem Molekül eigenthümlichen Schwingungen übereinstimmt, so wird durch die in gleichem Takt wiederholten Stöße das Molekül in Bewegung versetzt oder, wenn es etwa schon in Bewegung ist, seine Bewegung verstärkt. Die ankommenden Schwingungen geben ihre lebendige Kraft theilweise oder gänzlich an die Moleküle des Körpers ab, sie gehen deshalb nur geschwächt oder gar nicht durch den Körper hindurch, d. h. sie werden *absorbirt*. Andere Schwingungen, welche mit den dem Körper eigenthümlichen nicht stimmen, werden ungehindert oder wenig geschwächt durchgelassen.

Daß ein Körper, der zu bestimmten Schwingungen fähig ist, durch Stöße die in gleichen Perioden erfolgen, zum Schwingen kommt, durch andere nicht, erkennt man am leichtesten an dem Beispiel eines Pendels. Wir denken uns eine Einrichtung, bei welcher jede Sekunde ein kleiner Stoß auf ein ruhendes Sekundenpendel ausgeübt wird. Eine lange Wiederholung dieser Stöße muß, weil die kleine Wirkung immer in gleicher Art wirkt, nothwendig schließlich das Pendel zum Schwingen bringen. Im Grunde genommen ist dies ja die Erscheinung, die wir jederzeit an den Pendeluhren beobachten können, nur nicht in Form einer Ingangsetzung, sondern der Erhaltung der eingeleiteten Bewegung. Wird z. B. das Gewicht der Pendeluhr vergrößert, so zeigt sich bald, daß der Ausschlag des Pendels größer wird, d. h., daß die kleinen regelmäßig wiederholten Stöße im Stande sind, die Bewegung zu vermehren. Das Pendel selbst sorgt hier vermittelst des sogenannten Echappements dafür, daß die Periode der Stöße mit der der Schwingungen des Pendels zusammenfällt.

Würden die Stöße nicht in genau derselben Periode erfolgen, so würde nach einiger Zeit die Wirkung sich umkehren, der Stoß würde nicht im Sinne der Bewegung des Pendels, sondern im entgegengesetzten wirken und somit die Bewegung vermindern. Man wird sich vergebliche Mühe geben, durch eine Pendeluhr Pendel mit anderer Schwingungsdauer in Gang zu setzen. Doch gibt es hier Ausnahmen. Wenn z. B. die Stöße nur halb so oft erfolgen, als die Schwingungen des Pendels, so wird das Pendel — allerdings langsamer — in Gang kommen, es fehlt die Hälfte der Stöße gegenüber dem ersten Fall, aber sie wirken alle in gleicher Art. Dasselbe wird der Fall sein, wenn gleichviel Stöße, wie oben erfolgen, die Schwingungsdauer des Pendels aber doppelt so groß ist. Es wird dann immer ein Stoß als unnöthig und unwirksam ausfallen. Schwächer wird freilich eben deswegen auch hier die Wirkung sein.

Uebersetzen wir diesen Fall des schwingenden Pendels in das Gebiet der Molekülschwingungen, so wird ein Molekül nicht blos durch Schwingungen gleicher Periode angeregt werden, sondern auch durch Schwingungen von doppelt oder halb so großer Periode.

Noch ein anderes Beispiel möge uns anzuführen gestattet sein: die Lokomotiven und Eisenbahnwagen ruhen auf eisernen Federn, die bestimmte Schwingungszeiten haben. Werden die Federn zusammengepreßt, so dehnen sie sich wieder aus und je nach der Art der Feder wird eine bestimmte Zeit vergehen, bis die alte Gestalt wieder erreicht wird. Diese Federn nehmen die Stöße der Bahn zunächst auf und sollen sie mildern, indem der plötzliche Stoß in eine langsamer verlaufende Schwingung auf und ab verändert wird. Stöße erfolgen immer, wenn ein Rad von einer Schiene zu einer andern übergeht. Wenn nun die Geschwindigkeit des Zugs, die Länge der Schienen, der Abstand der Räder und die Schwingungszeit der Federn bestimmte Werthe haben, so kann es vorkommen, daß die Stöße beim Uebergang von Schiene zu Schiene in gleichen Perioden sich wiederholen, in welchen die Federn schwingen, es entsteht eine ungemein starke Auf- und Abbewegung der Wagenkasten, die am Ende sogar ein Entgleisen mit sich führen kann. Sobald aber die Geschwindigkeit des Zuges sich ändert, hört die starke Schwingung auf, weil jetzt die Stöße nicht mehr stets in gleicher Weise wirken. Wird aber die Geschwindigkeit genau doppelt so groß, oder genau halb so groß, so nimmt die Schwingung wieder zu, wenn auch nicht in so hohem Grad, als vorher.

Nennt man den Euler-Kirchhoff'schen Satz das „Princip der direkten Absorption" oder „der Absorption durch Einklang", so können wir nach Lommel den vorstehenden als „Princip der indirekten Absorption" oder der „Absorption durch die nächst tiefere oder nächst höhere Oktave" bezeichnen, indem wir wieder die akustischen Bezeichnungen zu Hilfe nehmen.

Die indirekte Absorption wird von der direkten an Energie übertroffen, die Absorption durch die tiefere Oktave wirkt wieder energischer als die durch die höhere Oktave, weil im ersten Fall nur die Zahl der übereinstimmenden Stöße kleiner ist, im zweiten dagegen zu den übereinstimmenden Stößen noch weitere kommen, die nicht übereinstimmen, also zum Theil wohl schädlich wirken, wie wenn ein Pendel nicht blos beim Beginn der Bewegung nach rechts in dieser Richtung gestoßen würde, sondern auch beim Beginn der Bewegung nach links in einer Richtung nach rechts. Findet der Stoß genau in dem Moment statt, wo das Pendel umkehrt, so wird er nichts schaden, wohl aber, wenn er etwas nachher wirkt.

In der Regel wird nun ein Körpermolekül einer Anzahl unter sich unharmonischer Schwingungen fähig sein, wie wir oben gesehen haben. „Auf welche Weise es auch in schwingende Bewegung versetzt werden mag, stets werden alle jene Schwingungen zugleich auftreten, welche dem Molekül vermöge der Art der Verkettung seiner Atome eigen sind. Aus der Akustik ist es bekannt, daß es geradezu unmöglich ist, z. B. eine Metallplatte blos mit einem einzigen ihrer Eigentöne zum Tönen zu bringen; wie man sie auch schlagen oder streichen mag, es erwacht stets neben dem beabsichtigten Einzelton eine Anzahl jener unharmonischen Obertöne, welche den Klang für unser Ohr so unangenehm rasselnd machen; nur jene Obertöne kommen nicht zu Stande, welche durch besondere Vorkehrungen am Entstehen verhindert sind. Daß innerhalb eines Körpermoleküls solche Hindernisse bestehen, sind wir nicht berechtigt, anzunehmen. Vielmehr erscheint es sachgemäß, anzunehmen, daß die Erregung oder Verstärkung einer einzigen der ihm eigenthümlichen einfachen Schwingungen stets auch die Erregung oder Verstärkung seiner übrigen Schwingungen nothwendig im Gefolge hat."

„Es dürfte daher gerechtfertigt sein, folgenden Satz auszusprechen: Wenn ein Molekül durch (direkte oder indirekte) Absorption in schwingende Bewegung versetzt wird, so erklingt es nicht blos in der Schwingungsperiode der absorbirten Welle (resp. deren nächst niedern Oktave), sondern sämmtliche ihm eigenthümliche Schwingungsperioden klingen mit."

Es ist dies also derselbe Satz, den wir zur Erklärung der Calorescenz, zur Erklärung der Erscheinung, daß dunkle Wärme einen Körper zum Glühen bringen kann, nöthig hatten.

Die Erklärung der Erscheinung beim Magdalaroth wäre nun folgende: „Wir nehmen an, daß das Molekül des Magdalaroth zu schwingen vermöge mit den Schwingungszahlen des Roth, Orange, Gelb von diesseits C bis jenseits D, dagegen nur in den nächst tiefern Oktaven der gelb-grünen, grünen, blauen und violetten Strahlen, wobei nicht ausgeschlossen bleibt, daß auch für das genannte Roth, Orange und Gelb noch die tiefere Oktave mitklinge. Die Absorption erfolgt also im größten Theile des Spektrums durch die nächst tiefere Oktave, nur zwischen C und D auch durch Einklang."

Da die Schwingungszahl für das äußerste Roth 476 Billionen, für die Grenze des Violett 757 Billionen beträgt, so fallen die niedern Oktaven alle in den dunkeln Theil des Spektrums, die höhern Oktaven in den ultravioletten.

„Durch jede absorbirte e i n f a c h e Schwingung, sei

dieselbe roth oder grün oder violet, wird das Molekül in die nämliche ihm eigenthümliche zusammengesetzte schwingende Bewegung versetzt oder darin bestärkt, und zwar am lebhaftesten durch jene Schwingungen, welche am vollkommensten absorbirt werden. Da von den sichtbaren Strahlen das Roth, Orange und Gelb von diesseits C bis jenseits D zu den Eigentönen des Moleküls gehören, so wird es, lebhaft bewegt, in einer aus diesen Tönen gemischten Farbe selbst leuchten, d. h. fluoresciren, während die ebenfalls mitklingenden tiefern Oktaven des Grün, Blau und Violet als zum unsichtbaren ultrarothen Theil des Spektrums gehörig für unser Auge unvernehmbar bleiben. Die Maxima der Fluorescenz müssen auf die nämlichen Theile des Spektrums fallen, in welchen Maxima der Absorption auftreten, also in unserem Fall das Hauptmaximum in den Bereich der selbst in verdünnter Lösung stark absorbirten gelb-grünen Strahlen, ein zweites weniger ausgeprägtes Maximum zwischen E und b."

Wenn das gewöhnliche Anilinroth nicht fluorescirt, obgleich es dieselbe Absorption zeigt, wie das Magdalaroth, so ist anzunehmen, daß es leuchtende Strahlen nur durch die tiefere Oktave absorbirt, nicht durch Einklang, also nur in nicht leuchtenden Schwingungen fluorescirt. Jeder Körper, welcher sichtbare Strahlen durch Einklang absorbirt, fluorescirt in der aus diesen Strahlen zusammengesetzten Mischfarbe; findet aber im Bereich des sichtbaren Spektrums Absorption statt, aber keine Fluorescenz, so muß die Absorption auf Rechnung der nächst tiefern oder höhern Oktave gesetzt werden.

Auch beim Chlorophyll, welches sich ähnlich wie

Magdalaroth verhält, wurde von Lommel nachgewiesen, daß seine Fluorescenz, die von B bis C reicht, durch das rothe Licht des Lithiums, dessen Schwingungszahl zwischen B und C liegt, angeregt werden kann. Das Chlorophyll-Molekül ist fähig, mit den Schwingungszahlen der Strahlen von B bis C zu schwingen, mit den brechbareren Strahlen nur durch die tiefere Oktave. Jeder absorbirte Strahl, indem er die lebendige Kraft des gesammten Schwingungscomplexes steigert, bewirkt das Selbstleuchten oder Fluoresciren in jenen rothen Tönen, welche unter allen Eigentönen des Chlorophyllmoleküls allein in den Bereich des sichtbaren Spektrums fallen.

Das Magdalaroth und Chlorophyll sind Repräsentanten einer ersten Klasse fluorescirender Substanzen. Eine zweite weit zahlreichere Klasse soll durch das Beispiel des Aesculins erläutert werden. Man erhält eine fluorescirende Aesculinlösung, wenn man junge, frische Zweige einer Roßkastanie im Wasser stehen läßt. Die filtrirte Lösung ist farblos und durchsichtig, leuchtet aber im Sonnen- und Tageslicht sehr schön hellblau, während bei Kerzenlicht kaum eine Spur von Fluorescenz zu bemerken ist. Das auf der Oberfläche der Flüssigkeit entworfene Spektrum beginnt erst im Violet hinter G zu fluoresciren: etwas hinter H erreicht die Fluorescenz die größte Intensität, und erstreckt sich mit abnehmender Intensität weit in den ultravioletten Theil bis zur Liniengruppe O. Hier sind es also blos dunkelblaue, violette und ultraviolette Strahlen, welche erregend wirken. In der ganzen Ausdehnung des fluorescirenden Spektrums herrscht derselbe bläuliche Farbenton;

dieser ist, wie man an dem Fluorescenzspektrum erkennt, aus allen Farben von Roth bis Violet gemischt; jeder einfache Lichtstrahl, er sei violet oder ultraviolet, erregt die nämliche aus unzähligen einfachen Lichtarten zusammengesetzte Fluorescenzfarbe. Das Spektrum reicht von C bis gegen H. Auch hier beginnt die Absorption wieder an derselben Stelle, wo der erste Schimmer der Fluorescenz sich zeigt.

Um diese Thatsachen zu erklären, nehmen wir an, daß das Aeskulin-Molekül in den Perioden jener dunkelblauen, violetten und ultravioletten Strahlen zu schwingen fähig sei, dagegen nicht in den Perioden der übrigen sichtbaren Strahlen, noch auch in deren nächst tiefern Oktaven. Jene Strahlen werden demnach direkt absorbirt, die übrigen leuchtenden Strahlen weder direkt noch indirekt; diese letztern werden daher ungestört durchgelassen, die Lösung zeigt sich im durchgehenden Lichte farblos.

Sonach sollte die Fluorescenzfarbe die Mischung aus diesem absorbirten äußersten und ultravioletten Licht sein, in Wirklichkeit aber ist sie eine Mischung aller Farben von Roth bis Violet.

Wie läßt sich dies erklären? Lommel greift hier zu der Combination von Schwingungen, welche von den Differenz- und Summationstönen her bekannt ist*). Wenn zwei Pfeifen auf demselben Windkasten aufsitzen und es wird die eine angeblasen, so werden die regelmäßigen Schwingungen, in welche die in ihr enthaltene Luftsäule geräth, sich auch der Luft im Windkasten mittheilen. Wird

*) Naturkräfte I. Radau, Lehre vom Schall. pag. 274.

nun auch die zweite Pfeife angeblasen, so gelangt Luft in dieselbe, welche schon einen bestimmten Schwingungszustand angenommen hat und nun genöthigt wird, den der Pfeife entsprechenden Schwingungszustand anzunehmen. Die Folge ist, daß eine große Zahl combinirter Schwingungszustände entstehen, man hört nicht blos den Ton der einen und andern Pfeife, welchen dieselben geben, wenn jede für sich allein angeblasen wird, sondern auch noch alle Töne, deren Schwingungszahlen die Summe oder Differenz beliebiger Vielfacher der Schwingungszahlen der Haupttöne sind. Die Differenztöne haben die größere Intensität.

In ähnlicher Weise sollen innerhalb der Aetherhüllen der Moleküle des Aeskulins combinirte Schwingungen entstehen. Wenn zwei Körperatome verschiedene Schwingungen ausführen, und auf ein Athom der Aetherhülle fortpflanzen, so werden außer den Schwingungen der Atome auch noch solche Schwingungen von den Aethertheilchen ausgeführt werden, deren Schwingungszahl die Differenz der Schwingungszahlen der Körperatome ist. Nun sind die Schwingungszahlen der direkt vom Aesculin absorbirten brechbareren Strahlen etwa zwischen 725 und 1100 Billionen enthalten; nimmt man an, daß das Aeskulinmolekül zu ultrarothen Schwingungen zwischen 370 und 400 Billionen etwa noch fähig sei, so fallen die Differenztöne in den Bereich von 325 bis 730 Billionen Schwingungen, d. h. umfassen alle im sichtbaren Spektrum vorkommende Strahlen.

Es würde also bei dieser zweiten Klasse von fluorescirenden Substanzen, zu denen auch Chinin und Curcuma gehören, die Substanz in der Mischfarbe aus den Differenztönen leuchten, welche die brechbarsten schwach leuchtenden oder dunkeln Strahlen, die das Aeskulin direkt absorbirt, mit den wenig brechbaren dunkeln ultrarothen Strahlen erzeugen.

Bei einer dritten Klasse von fluorescirenden Körpern zeigt das fluorescirende Spektrum an verschiedenen Stellen verschiedene Färbung, so bei Lakmus- und Quassiatinktur. Man kann solche Erscheinungen willkürlich hervorrufen, indem man mehrere einfach fluorescirende Flüssigkeiten, z. B. Magdalaroth, Curcuma und Aeskulin, mit einander mischt. Da die Ursache der Fluorescenz innerhalb des Moleküls ihren Sitz hat, so werden sich die einzelnen fluorescirenden Moleküle, solange sie nicht chemisch auf einander einwirken, gegenseitig nicht stören. Man wird daher diese dritte Klasse von Substanzen als Mischungen mehrerer zu betrachten haben.

Wenn man das Spektrum auf einen Schirm wirft, und sich dabei keines Glasprisma's bedient, weil dieses die ultravioletten Strahlen beinahe ganz absorbirt, sondern eines Bergkrystall- oder Kalkspathprisma's, und wenn man den Theil des Schirms, auf welchen das ultraviolette Spektrum fällt, mit einer fluorescirenden Substanz zweiter Art, z. B. Bariumplatincyanür bestreicht, so dehnt sich das sichtbare Spektrum auf mehr als das Doppelte aus und man erkennt in dem weiter noch sichtbaren Theil eine weitere große Zahl Fraunhofer'scher Linien, da keine fluorescirende Wirkung auftreten kann, wo kein Licht hingelangt. So war es möglich, noch die Wellenlängen unsichtbarer Strahlen und Fraunhofer'scher Linien zu bestimmen, wie es zuerst Esselbach und Mascart gethan haben. Die Hauptgruppen der neuen Linien wurden mit den Buchstaben J bis T bezeichnet. Die Photographie des Spektrums gibt bei langer Aussetzung ebenfalls diese Linien, wenigstens bis R. Zur Uebersicht der damit erreichten Ausdehnung des Spektrums dient folgende Tafel:

	Wellenlänge in Milliontel Millimeter	Schwingungszahl in Billionen
A	761	403
Optisches Spektrum B	687	447
C	656	468
D	589	521
E	527	583
F	485	633
G	430	714
H	394	779
Ultraviolettes Spektrum L	380	808
M	369	832
N	354	867
O	340	903
P	332	925
Q	325	945
R	312	984
S	304	1010
T	297	1034

Die Vertheilung der Linien J bis T zeigt die Figur 32.

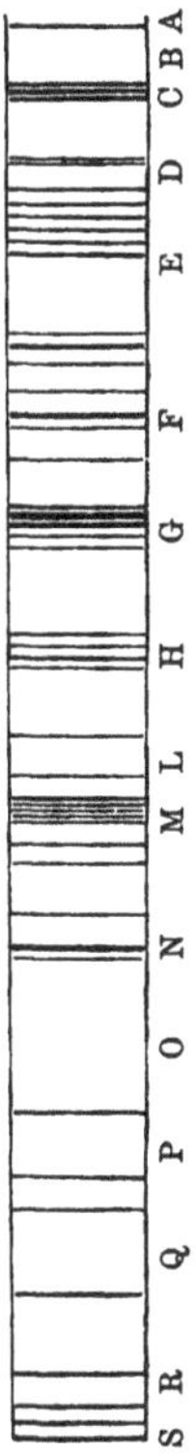

Fig. 32.

Müller hatte nach der früher beschriebenen Methode als unterste Gränze des Wärmespektrums gefunden 1800 Milliontel Millimeter mit der Schwingungszahl 171 Billionen.

Die ganze bekannte Strahlung würde somit, akustisch ausgedrückt, gegen 3 Oktaven umfassen. Von 171 Billionen Schwingungen ausgehend, würde die erste Oktave bis 342 Billionen Schwingungen gehen und daher noch ganz innerhalb der dunkeln Wärmestrahlen fallen; die zweite Oktave bis 684 Billionen würde nahe das ganze sichtbare Spektrum umfassen, die dritte bis 1368 noch über die äußersten durch Fluorescenz und chemische Wirkungen merkbaren Strahlen hinaus sich erstrecken.

4. Phosphorescenz.

Der Fluorescenz sehr nahe verwandt ist das Leuchten der natürlichen und künstlichen Phosphore durch Insolation, d. h. durch Aussetzen an die Sonne. Jedoch erlischt das Leuchten nicht mit dem Aufhören der Einstrahlung, sondern dauert noch längere Zeit fort, läßt sich im Dunkeln beobachten, allmählig, oft stundenlang abnehmend. Die schönsten Phosphore erhält man mit den Sulfüren von Calcium, Strontium, Barium und Magnesium, wenn man dieselben aus Salzen dieser Erdalkalien durch Glühen mit Schwefel oder aus den Sulfaten derselben durch Glühen mit Kohle herstellt. Die folgenden Phosphore zeigen ein längeres Leuchten und bewahren ihr Vermögen, in zugeschmolzenen Röhren eingeschlossen, auf unbestimmte Zeit.

Schwefel mit Isländischem Doppelspath	schön orange
Schwefel und carrarischer Marmor	gelb
Schwefel und Austerschalen	gelb
Schwefel und Arragonit	grün
Schwefel und fasriger Arragonit	violet
Schwefel, Antimon und Strontianerde	roth=orange
Schwefel und Strontianerde	gelb
Kohle und schwefelsaures Strontian	gelb=grün
Schwefel und Strontianit	hellblau
Kohle und Cölestin	blau
Schwefel und kohlensaurer Baryt	orange=roth
Kohle und Schwerspath	gold=gelb
Schwefel und Baryterde	gelb
Chlorbarium und kohlensaures Natron	gelb=grün

Der Farbenton ändert sich je nach der Bereitungsweise und je nach der chemischen Verbindung und selbst dem Aggregatzustand des Körpers.

Wie bei der Fluorescenz wirkt, wenigstens bei den

Schwefelverbindungen der Erdalkalien, vorzugsweise die zweite Hälfte des optischen Spektrums, von F bis H und der violette Theil bis P erregend ein. Die Spektra des Phosphorescenzlichts sind, wie immer beim Licht starrer Körper, glatte, ohne scharfe helle und dunkle Linien. Der rothe und gelbe Theil des Spektrums soll nach Becquerel nicht blos die Phosphorescenz nicht zu erregen vermögen, sondern dieselbe vielmehr auslöschen. Wenn man nämlich ein mit phosphorescirendem Pulver bedecktes Papier in seiner ganzen Ausdehnung durch Insolation leuchtend gemacht hat und es im Dunkeln in ein starkes Spektrum bringt, so leuchtet dasselbe im violetten Theile unverändert fort, im rothen dagegen, an bestimmten Gegenden besonders, erlöscht das Licht schneller als im unbeschienenen Feld.

Die Phosphorescenz wirkt noch über das Roth hinaus, und macht es so möglich, wie Becquerel sagt, die Wellenlängen der ultrarothen Strahlen zu messen, wie die Fluorescenz die der ultravioletten zu messen gestattet. Er hat seine Resultate noch nicht veröffentlicht, erwähnt aber, daß er mehr wie doppelt so große Wellenlängen gemessen habe, als die der äußersten rothen Strahlen sind, was mit der Bestimmung von Müller über die äußerste Gränze des Wärmespektrums stimmen würde.

Nicht blos durch Insolation, durch Aufnahme von Lichtstrahlen, können gewisse Substanzen zum Leuchten gebracht werden, sondern auch durch bloße Erwärmung, durch innere geleitete Wärme. Es zeigt sich das ganz deutlich bei den mattgrün und violet gefärbten Flußspathen. Werden sie langsam in der Dunkelheit erwärmt, so strahlt aus dem Innern ein matter grünlicher Schein. Das Leuchten erlöscht durch Abkühlung wie durch zu starke Erhitzung. Auch die phosphorescirenden Schwefelverbindungen der Alkalien werden von der Wärme beeinflußt, insofern sie bei der Abnahme des Phosphorescenzlichts nach der Insolation durch Erwärmung noch einmal zu lebhafterem Aufleuchten gebracht werden; aber Erwärmung allein bringt sie nicht zum Phosphoresciren, wenn die Insolation fehlt.

Die Phosphorescenz dieser Salze, sowie die von organischen faulenden Substanzen und von Seethieren ist ein noch vollständig räthselhafter Vorgang. Es ist hauptsächlich Becquerel, welcher den Vorgang nach allen Seiten hin zu studiren sucht.

5. Anomale Dispersion.

Es ist allgemein Gebrauch bei den Physikern, von brechbareren und weniger brechbaren Farben zu sprechen, das Roth als die wenigst brechbare, das Violet als die brechbarste zu bezeichnen. Es rührt diese Bezeichnung, wie wir wissen, daher, daß im Spektrum stets die Farben in der Ordnung Roth, Gelb, Grün, Blau und Violet sich folgen, daß das erste am wenigsten, das letzte am meisten abgelenkt ist. Wir haben aber auch schon erfahren, daß jedes Prisma die verschiedenen Farben in anderer Art bricht, daß insofern der Brechungsquotient und die Wellenlänge nicht charakteristisch für die Farbe sind, sondern nur die Schwingungsdauer oder Schwingungszahl.

Erst die neueste Zeit hat eine Reihe von Substanzen aufgewiesen, welche noch deutlicher zeigen, daß Brechung und Farbe in keinem engern Zusammenhang stehen. Christiansen in Kopenhagen hat zuerst nachgewiesen, daß das rothe concentrirte Anilin (Fuchsin) in weingeistiger Lösung, welche 18.8 Procent Anilin enthält, folgende Brechungsquotienten zeigt:

Fraunhofer'sche Linie.	Brechungs-quotient.
B	1,450
C	1,502
D	1,561
F	1,312
G	1,285
H	1,312

Das Brechungsverhältniß nimmt also von B bis D und ein wenig darüber zu, sinkt dann sehr rasch bis G und wächst von da ab wieder. Es ist also das Gelb am meisten abgelenkt, das Violet am wenigsten, die Fraunhofer'schen Linien folgen nicht mehr dem Alphabeth nach auf einander, es ist als ob die zwei Hälften des Spektrums vertauscht wären. Siehe Figur 33. (33 a das normale, 33 b das anomale Spektrum.)

Kundt hat stärkere Anomalien, d. h. Verschiebungen einzelner Theile des Spektrums an einer ganzen Reihe von Substanzen beobachtet: am Fuchsin, an allen Arten von Anilinviolet, Anilinblau und Anilingrün, am Indigcarmin, dem Carthamin, Murexyd, Cyanin, übermangansauren Kali, Carmin, Magdalaroth u. s. w. Die Anomalie der Dispersion, d. h. die Eigenschaft, daß irgend ein Strahl mit größerer Schwingungszahl stärker gebrochen wird als ein anderer mit kleinerer, nimmt in den Lösungen mit der Concentration continuirlich zu. Dabei tritt aber die Schwierigkeit auf, daß nahe kein Licht mehr durchgeht, wenn man nicht ganz an der Schneide das Prisma beobachtet, was leicht Unregelmäßigkeiten mit sich führt. Die Substanzen, welche die Anomalie zeigen, verhalten sich in dünnen starren Schichten ähnlich wie die Metalle, sie zeigen mehr oder weniger Metallglanz, und reflektiren vorzugsweise Farben, welche im Spektrum des durchgehenden Lichts fehlen.

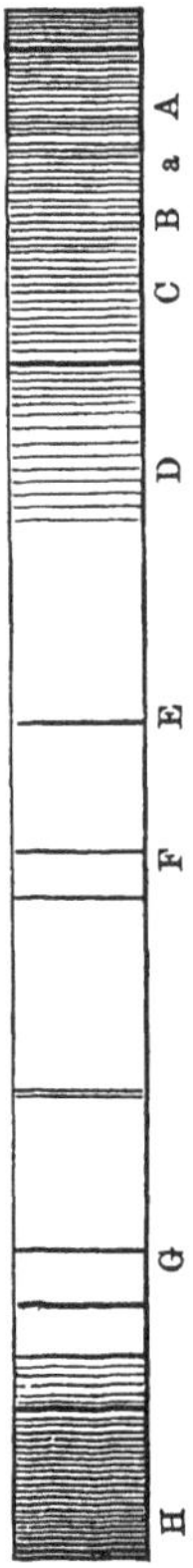

Fig. 33 a.

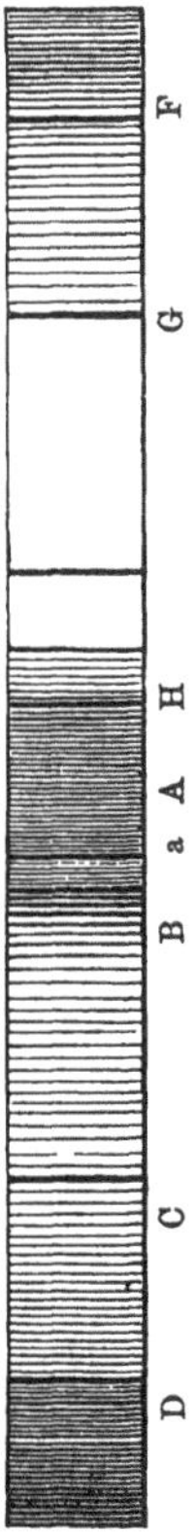

Fig. 32 b.

Kundt macht die anomale Dispersion dadurch augenfällig, daß er zunächst ein schmales Spektrum durch ein

Flintglasprisma oder ein Gitter entwirft und dieses dann mit dem Prisma der Substanz betrachtet, wobei die Kante des letzten Prisma parallel der Erstreckung des Spektrums, also senkrecht zur brechenden Kante des ersten gestellt ist. Bei gewöhnlicher Brechung würde das bandförmige Spektrum, das wir uns von unten nach oben denken wollen, seitlich verschoben erscheinen und zwar das Roth am wenigsten, Violett am meisten.

Findet dagegen anomale Dispersion statt, so ist das Band unregelmäßig gekrümmt, bei Fuchsin z. B. ist das Roth ziemlich stark verschoben, Gelb noch mehr; dann kommt eine dunkle Stelle, weil der mittlere Theil des Spektrums absorbirt wird, und nachher zeigt sich Blau und Violet, aber viel weniger stark zur Seite geschoben, als Roth und Gelb. Von der dunkeln Stelle zu Blau zieht sich ein langer, grünlicher Streifen, so daß das Ganze aussieht, als hätte der Absorptionsstreifen die nahe liegenden Farben Roth und Grün nachgezogen.

In kleinerem Maßstabe zeigte sich dies bei einer Reihe von Substanzen für einzelne Absorptionsstreifen: das Licht in der Nähe wird in der Brechbarkeit verändert, die Brechbarkeit nimmt zu für das in der Nähe befindliche langsamer schwingende, dagegen ab für das in der Nähe befindliche auf der andern Seite liegende rascher schwingende Licht. Man müßte sonach annehmen, daß die materiellen Theile, welche die Lichtschwingungen absorbiren, eine Reaktion auf die nächstliegenden Aethertheilchen ausüben, in der Art, daß sie dieselben ihrer Schwingungsart nähern wollen, so daß auf der einen Seite eine Verzögerung, auf der andern eine Beschleunigung einträte.

V. Schlußbetrachtung.

Die Betrachtung des Spektrums der verschiedenen Körper und Substanzen nach allen Seiten hin hat uns auf das allgemeine Problem der Strahlung, der strahlenden Energie geführt, auf das Problem die verschiedenen Erscheinungen von Licht und Wärme aus den Schwingungen der Aethertheilchen zu begreifen. Die verschiedenen Thatsachen führen auf eine Reihe theils direkt erwiesener, theils theoretisch wahrscheinlicher Vorstellungen, die hier zum Schlusse noch zusammengestellt werden sollen.

1. Jede von einem Körper herkommende Strahlung (von Licht oder Wärme) ist ein Complex vieler verschiedener Strahlen, die sich im freien Aether des leeren Raums mit gleicher Geschwindigkeit fortpflanzen, aber durch ihre Schwingungszahl sich unter einander unterscheiden. Je größer die Schwingungszahl, desto kleiner die Wellenlänge, weil diese der Weg ist, längs welchem die Bewegung während einer Schwingung sich fortpflanzt. Die Geschwindigkeit der Fortpflanzung in verschiedenen Mitteln ist verschieden. Das Verhältniß der Geschwindigkeiten in zwei verschiedenen Mitteln ist der Brechungsquotient. Wie sich Geschwindigkeit und daher Brechungsquotient von einer Substanz zur andern ändert, ist unbekannt. Charakteristisch

für die Farbe ist nur die Schwingungszahl. Die Wellenlänge ist in jeder Substanz anders, weil sie von der Fortpflanzungsgeschwindigkeit abhängt.

2. Da im Allgemeinen einer andern Schwingungszahl auch ein anderer Brechungsquotient entspricht, so gibt die Brechung des Lichts durch das Prisma ein Mittel an die Hand, den Strahlencomplex, der für gewöhnlich auftritt, in seine einzelnen Theile zu zerlegen, ein Spektrum zu bilden. Es ist dies die Aufgabe der Spektralanalyse, sie soll aus der Art des Spektrums weitere Schlüsse machen auf die Beschaffenheit des Körpers, von dem der Strahlencomplex ausgeht.

3. Ein zweites Mittel, Strahlencomplexe aufzulösen, ist die Beugung durch Gitter. Dieses Mittel ist überall, wo es wegen seiner geringen Lichtintensität anwendbar ist, unbedingt dem Prisma vorzuziehen. Denn es ist nicht so vielerlei Nebenbedingungen ausgesetzt, wie das Prisma, das aus einem bestimmten Stoff besteht, durch den das Licht durchgehen muß, der dabei Schwingungen zurückbehält, nicht durchläßt oder umändert. Bei dem Gitter breitet sich der Strahlencomplex aus nach der Schwingungszahl der Strahlen; die Lage des Strahls, seine Ablenkung allein entscheidet über seine Schwingungszahl. Beim Prisma ergibt die Lage des gebrochenen Strahls nur den Brechungsquotienten und damit die Fortpflanzungsgeschwindigkeit des Strahls in dem untersuchten Mittel. In welcher Beziehung diese Geschwindigkeit zur Schwingungszahl steht, ist uns unbekannt.

4. Wahrnehmbar für uns wird die Strahlung erst dann, wenn die Schwingungen der Aethertheilchen an die

materiellen Theile eines Körpers übergehen, wenn ihre lebendige Kraft ganz oder theilweise auf Bewegung der materiellen Theile verwendet wird, oder wenn, wie man sagt, die Schwingung, die Strahlung absorbirt wird. Auf diese Weise kommen vier materielle Wirkungen zu Stande: 1) der Lichtreiz im Auge, 2) Erwärmung, 3) Fluorescenz und 4) chemische Wirkung. Jede dieser Wirkungen folgt ihren besondern Gesetzen, die wesentlich von der Beschaffenheit des die Schwingung aufnehmenden Körpers abhängen, so daß allgemeine Schlüsse aus den Wirkungen auf einen Körper oder auf eine Klasse von Körpern nicht gestattet sind. (Falsche Ansichten über chemisches Spektrum, über Fluorescenz u. s. w.)

5. Die unmittelbarste und schärfste und der Farben wegen mannigfachste Wahrnehmung der Strahlung ist die durch den Lichtreiz im Auge. Doch bleibt sie auf einen verhältnißmäßig kleinen Umfang von Schwingungsdauern und Intensitäten beschränkt. Daß auch hier die Wahrnehmung von der Art des aufnehmenden Körpers abhängt, das beweisen die großen Verschiedenheiten in der Empfindung der Farbe bei verschiedenen Individuen, wie Dalton insbesondere gezeigt hat.

6. Die Wärmewirkungen, in den starren und flüssigen Körpern den Schwingungen der Moleküle als ganzer entsprechend, gehören namentlich den langsamern Schwingungen an und scheinen den schnellern Schwingungen jenseits des Violetten fremd. Dagegen ist hier zu bemerken, daß die Wärmeuntersuchungen alle mit der Thermosäule aus Wismuth und Antimon gemacht sind und daß eine dünne Schicht Kienruß auf die Metalle ge-

bracht wird, weil dieser die Eigenschaft hat, alle bekannten Wärmestrahlen zu absorbiren. Es ist also ein ganz bestimmter Körper, mit dem alle Versuche gemacht sind und daher wohl denkbar, daß es auch einen Körper geben könnte, welcher im Stande ist, ultraviolette Strahlen zu absorbiren und in Wärme zu verwandeln. Bekannt ist ein solcher bis jetzt nicht.

7. Die Fluorescenz wird nach der frühern Ansicht hauptsächlich durch die schnelleren Schwingungen hervorgebracht, nach der neueren Theorie von Lommel wäre ein Unterschied zwischen verschiedenen Schwingungen hier nicht zu machen.

8. Lichtreiz und Fluorescenz haben das gemein, daß sie den augenblicklichen Schwingungszustand verrathen, in welchen die materiellen Theile durch die Einstrahlung versetzt werden. Solange dieselbe Lichtquelle wirkt, bleibt die Intensität die gleiche. Die Intensität hängt von der Weite der Schwingungen ab und ist wahrscheinlich dem Quadrat derselben proportional. Die Erwärmung und chemische Wirkung dagegen hängt von der Zeitdauer ab, sie wird durch eine Arbeit gemessen. Je mehr lebendige Kraft absorbirt wird, desto stärker ist die Erwärmung, die allmälig steigt; desto größer die Menge zersetzten Stoffes. Bei geringerer Intensität kann man gleiche Erwärmung und chemische Wirkung erhalten, wenn man nur die Einwirkungszeit vergrößert. Beim Lichtreiz und bei der Fluorescenz ist das nicht der Fall, weil sie blos von der Schwingungsweite abhängen, sie geben ein Maaß der Kraft, aber nicht der Arbeit.

Die Thermosäule allerdings zeigt nach längerer Einstrahlung einen gleich bleibenden Strom an, das rührt aber nur daher, daß die erwärmte Kienrußschicht Wärme ausstrahlt, um so mehr, je höher ihre Temperatur ist. Mit der Zeit stellt sich dann ein Gleichgewicht her zwischen Einstrahlung und Ausstrahlung, und von da an bleibt die Temperatur constant. Mit Rücksicht hierauf könnte man die Thermosäule als Meßapparat in gleiche Linie mit Lichtreiz und Fluorescenz setzen, da die Zeitdauer der Einwirkung schließlich von keiner Bedeutung mehr ist.

9. Die verschiedenen Wirkungen der Strahlung rühren nicht von verschiedenen Strahlen her, es gibt nur Aetherschwingungen, nicht Licht-, Wärme-, Fluorescenz- oder chemische Schwingungen. Wenn im ursprünglichen Strahlencomplex gewisse Strahlen fehlen, so kann an diesen Stellen keine der obigen Wirkungen direkt auftreten. Wenn also z. B. das Spektrum des Sonnenlichts dunkle Linien, die Fraunhofer'schen Linien, zeigt, so kann an der betreffenden Stelle keine Wärme, keine Fluorescenz und keine chemische Wirkung auftreten. Bei der Wärme ist dies direkt nicht nachgewiesen, wenn man nicht eine Beobachtung von Fizeau jenseits des Rothen gelten lassen will; die Thermosäule läßt sich nicht gut so schmal herstellen, daß solche kleine Aenderungen zu finden wären. Bei der Fluorescenz zeigt es sich unmittelbar nach der angeführten Art der Beobachtung. Bei der chemischen Wirkung zeigt es die Photographie des Spektrums.

Indirekt freilich kann eine der genannten Wirkungen auch auftreten, welche Strahlen entspricht, die im ursprünglichen Strahlencomplex fehlen. Die durch Jod-Schwefel-Kohlenstoff gehenden Strahlen sind dunkel, geben keinen

Lichtreiz; wenn sie aber einen dünnen Platindraht treffen, so können sie ihn bis zum Glühen erwärmen, also indirekt doch einen Lichtreiz hervorbringen. Wir schreiben dies der Eigenschaft eines Moleküls zu, in allen ihm zugehörigen Schwingungen schwingen zu können, wenn es eine der ihm eigenthümlichen Schwingungen absorbirt. Es findet hiebei eine Umwandlung der Bewegung statt.

Wollten wir diese Erscheinungen berücksichtigen, so müßten wir sagen: wenn in einem Strahlencomplex gewisse Strahlen fehlen, so kann an dieser Stelle keine der obigen Wirkungen auftreten, außer auf Kosten der andern Strahlen, also auf indirektem Wege.

Ebenso wird im Allgemeinen von der Absorption zu sagen sein, daß mit ihr alle Wirkungen der Schwingungen aufhören, oder wenn die Absorption nur eine theilweise ist, in gleichem Verhältniß vermindert werden. Es beruht ja darauf die Anwendung absorbirender Substanzen, um zu zeigen, welche Strahlen bestimmte Wirkungen hervorbringen. Wenn z. B. rothes Licht von einem Körper absorbirt wird, so zeigt auch die Thermosäule hinter dem Körper keine Wärme an, und wenn der schneller schwingende Theil des Spektrums durch ein Mittel ausgelöscht wird, so zeigt sich hinter ihm keine Zersetzung von Silbersalzen und ähnliches. Gäbe es dagegen besondere Lichtstrahlen und besondere chemische Strahlen, so wäre denkbar, daß nur die ersten absorbirt würden, die chemischen dagegen durchgingen. Die Erfahrung spricht gegen diese Annahme.

10. Was ferner die B e w e g u n g d e r m a t e r i e l l e n T h e i l c h e n der Körper betrifft, so lassen sich aus den Ergebnissen der Spektralanalyse über gasförmige, flüssige

und starre Körper und aus den verschiedenen Wirkungen der Strahlung einige Schlüsse ziehen, die wieder einiges Licht zurückwerfen auf die einfachsten Thatsachen der Spektralanalyse. Sie hängen mit all den Erscheinungen der Strahlung, die wir kennen gelernt haben, zusammen und lassen sich deswegen erst hier am Schlusse unserer Uebersicht auseinandersetzen.

Die Theilchen eines flüssigen oder starren Körpers werden im Allgemeinen zweierlei Bewegungen zeigen: Einmal bewegen sich die Moleküle als Ganzes gegen einander und von einander unter Einwirkung der anziehenden und abstoßenden Molekularkräfte. Die lebendige Kraft dieser Bewegungen nennen wir die Temperatur des Körpers. Zweitens finden innerhalb jedes Moleküls Schwingungen der Atome statt; sie werden durch die Affinitätskräfte und die abstoßenden Kräfte des Aethers bedingt. Zu diesen Schwingungen der materiellen Theile kommen noch die Schwingungen der Aethertheile, welche mit dem Molekül in unmittelbarer Verbindung stehen.

Bei den Gasen fallen die Molekularschwingungen nahezu vollständig weg: nach der mit der mechanischen Wärmetheorie übereinstimmenden neuern Ansicht sind die Gasmoleküle zu weit auseinander, um gegenseitig noch merklich sich anzuziehen; sie bewegen sich geradlinig im Raum, bis sie auf andere stoßen, werden abgelenkt von ihrer Bahn, treffen wieder mit andern zusammen u. s. w. Es treten also hier bei weitem überwiegend die Atomschwingungen auf. Diese können ganz ungehindert in jedem Molekül vor sich gehen, unbeeinflußt von andern, sie werden also in einfachster Weise auftreten und auch den Aether nur zu einzelnen einfachen Schwingungen erregen. Im Spektrum der glühenden Gase treten deswegen nur einzelne Schwingungsarten auf, es erscheinen einzelne helle Linien. Die Art dieser Linien wird nur von der Verbindung der Atome in einem Molekül herrühren. Bei den flüssigen und starren Körpern dagegen treten Schwingungen auf in Folge der Einwirkung der Moleküle auf einander und der Atome in den Molekülen; die Aethertheilchen erhalten von mehrfachen Seiten Erregungen und da auch die Schwingungen der Moleküle auf die der Atome von Einfluß und diese Aenderungen wieder für die Aetherschwingungen maßgebend sein werden, so erhält man mannigfache unregelmäßige Schwingungen, so daß in gewissem Umfang alle Schwingungen auftreten, also ein continuirliches, glattes Spektrum entsteht.

Die Anzahl der Schwingungen bei allen Körpern wird wesentlich durch die Temperatur bedingt sein. Bei niederer Temperatur treten kleine Schwingungszahlen auf, bei höherer erst die großen. Die Strahlung ist bei allen Körpern eine ähnliche. Metall, Holz, Porzellan, Ruß, Carmin, Weißblech und andere Substanzen auf 100° erwärmt, geben Strahlen, welche für beliebige eingeschaltete absorbirende Mittel, Alaun, Steinsalz, Kalkspath u. s. w. unter sich immer gleiche Resultate geben, also aus gleichen Strahlencomplexen bestehen. Steigt die Temperatur, so treten mehr und mehr schnellere Schwingungen hinzu und zwar in der Art, daß für alle Körper das Auftauchen neuer bestimmter Strahlen immer bei derselben Temperatur erfolgt. Das Hellrothglühen, das Weißglühen u. s. w. tritt bei allen Körpern bei derselben Temperatur auf.

Bei der beträchtlichen Zunahme der lebendigen Kraft, während die Abstände der Moleküle nicht sehr wesentlich sich ändern, werden mehr Stöße erfolgen und eine Beschleunigung der Bewegung mit sich bringen.

Bei Gasen und Dämpfen, welche bei geringerer Wärme und Dichte nur einzelne Linien im Spektrum zeigen, werden bei Erhöhung von Temperatur und Druck ähnliche Aenderungen vor sich gehen. Es treten zu den vorhandenen mehr und mehr neue Schwingungen hinzu, zunächst an die alten sich anschließend, da es sich um eine Vermehrung des Bestehenden und allmählige Abänderung desselben handelt; es werden die hellen Linien breiter. Es können aber auch ganz neue Schwingungen auftreten, neue Linien im Spektrum sich zeigen. Wird Temperatur und Druck beträchtlich erhöht, so nehmen die Schwingungen schließlich, wie bei flüssigen und starren Körpern, so sehr zu, daß ein continuirliches Spektrum entsteht.

11. Betrachten wir einen flüssigen oder starren Körper von gegebener Temperatur, so werden die Moleküle bestimmte gegebene Abstände von einander haben oder vielmehr um Ruhelagen schwingen, welche innerhalb des Körpers feste Lagen haben, bei Flüssigkeiten wenigstens, solange sie in Ruhe sind. Ebenso werden in den Molekülen die Atome zu einander gegebene Stellungen einnehmen. Da die anziehenden Kräfte der Atome und die abstoßende Kraft des Aethers nur von den Massen und ihren Abständen abhängen, so werden auch diese Molekularkräfte dieselben sein, so lange die Temperatur des Körpers dieselbe ist. Ist dies aber der Fall, so wird sich ein bestimmter Schwingungszustand herstellen, der dem Körper bei

dieser Temperatur eigenthümlich ist. Es wird nicht die Schwingung eines Atoms etwa oder eines Moleküls geändert werden können, ohne daß dieß von Einfluß auf alle andern ist. Jedem Atom, jedem Molekül wird ein bestimmter Theil der Gesammtbewegung zugewiesen sein; wird die gesammte lebendige Kraft vermehrt, so vertheilt sich der Zuwachs im Verhältniß der schon vorhandenen Bewegungen. In diesem Sinne können wir von Schwingungen sprechen, die einem Körper eigenthümlich sind, und von einem Wachrufen oder Vermehren dieser Schwingungen, wenn irgend wie dem Körper lebendige Kraft zugeführt wird. Wir haben bei der Calorescenz und bei der Fluorescenz gesehen, daß diese Eigenschaft vorausgesetzt werden muß, um zu erklären, daß alle Strahlen, welcher Art sie auch seien, dasselbe Fluorescenzlicht hervorbringen, und daß bei der Calorescenz auch Strahlen hervorgerufen werden, welche in dem wirkenden Strahlencomplex nicht enthalten sind. Jedes Molekül haben wir als eine kleine Welt zu betrachten, in welcher jedem Theil seine Funktion zukommt, und in welchem jeder Theil alsbald von dem, was dem Ganzen gegeben oder genommen wird, das ihm zukommende erhält oder verliert.

Erläuterung zu der Spektraltafel.

Die nebenstehende Spektraltafel gibt zunächst oben (Nr. 1) das Sonnenspektrum mit den hauptsächlichsten Fraunhofer'schen Linien nebst einer Skala, welche dazu dienen kann, nach der Anleitung (S. 66) die Wellenlänge der einzelnen Linien der darunterliegenden Spektra zu bestimmen. Die folgenden Spektra (Nr. 2 bis Nr. 11) gehören den Stoffen zu, deren Verflüchtigung schon in der Bunsen'schen Lampe möglich ist; sie sind die einfachsten bekannten. Insbesondere zeichnen sich Natrium und Thallium (Nr. 3 und Nr. 10) dadurch aus, daß sie nur eine Linie zeigen (bei starker Zerstreuung ist die von Natrium sechsfach gesehen worden). Cäsium und Rubidium (Nro. 2 und Nro. 3) und Indium (Nr. 11) sind durch die Spektralanalyse entdeckt worden. Kalium (Nr. 4) hat das Eigenthümliche, daß ein Theil des Spektrums continuirlich ist. Die Nummern 6 bis 9 geben der Reihe nach die Spektra von Lithium-, Calcium-, Strontium- und Bariumsalzen. Die Nummer 12 gibt das Spektrum des Wasserstoffs mit den 3 hellen Linien, welche mit den Fraunhofer'schen Linien C, F und G zusammenfallen. Endlich zeigt die Nummer 13 das Säulenspektrum des Stickstoffs.

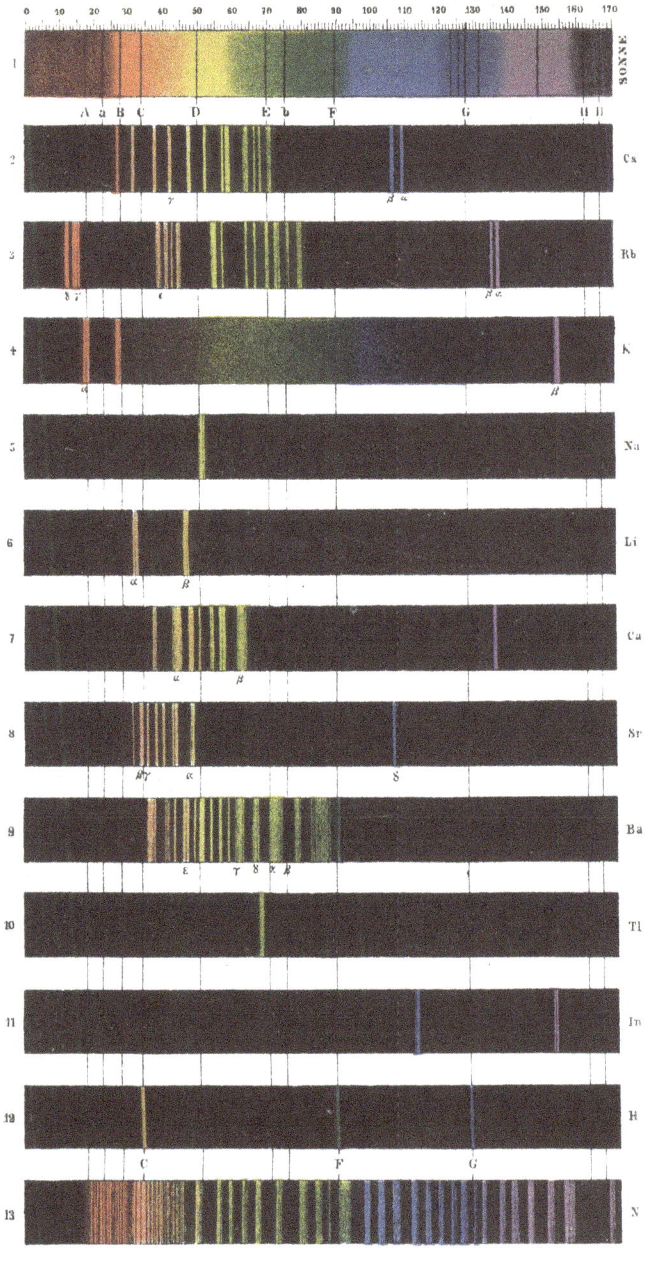

0 10 20 30 40 50 60 70 80 90 100 110 120 130 140 150 160 170
1 SONNE
A a B C D E b F G H H
2 Ca
3 Rb
4 K
5 Na
6 Li
7 Ca
8 Sr
9 Ba
10 Tl
11 In
12 H
13 N

www.ingramcontent.com/pod-product-compliance
Lightning Source LLC
LaVergne TN
LVHW010634300926
849161LV00005B/936
9783486722857